精英文库——陆军工程大学研究生学位论文优秀成果

星地融合认知网络

多维协同传输理论与关键技术

安 康 梁 涛 著

北京理工大学出版社
BEIJING INSTITUTE OF TECHNOLOGY PRESS

图书在版编目（CIP）数据

星地融合认知网络多维协同传输理论与关键技术 / 安康，梁涛著. -- 北京：北京理工大学出版社，2023.7
ISBN 978-7-5763-2590-4

Ⅰ. ①星…　Ⅱ. ①安…　②梁…　Ⅲ. ①卫星通信系统-数据传输　Ⅳ. ①TN927

中国国家版本馆 CIP 数据核字(2023)第 131462 号

责任编辑：徐　宁　　　文案编辑：李思雨
责任校对：周瑞红　　　责任印制：李志强

出版发行 / 北京理工大学出版社有限责任公司
社　　址 / 北京市丰台区四合庄路 6 号
邮　　编 / 100070
电　　话 / (010) 68944439（学术售后服务热线）
网　　址 / http://www.bitpress.com.cn

版 印 次 / 2023 年 7 月第 1 版第 1 次印刷
印　　刷 / 北京捷迅佳彩印刷有限公司
开　　本 / 787 mm×1092 mm　1/16
印　　张 / 8.25
字　　数 / 169 千字
定　　价 / 58.00 元

PREFACE 前言

地面移动通信网络经过几代的发展，其网络拓扑结构较为固定，传输较为稳定可靠，服务质量较好。然而，传统地面网络的缺点也十分明显，不仅需要相关基础设施的支持，而且通信覆盖范围非常有限，在人迹罕至的高山、沙漠以及广阔的高空、海洋等区域无法做到有效覆盖。此外，由于网络结构通常较为固定，在发生自然灾害或遭受人为蓄意破坏时，地面网络通信可能完全中断。无线接入需求的区域不仅局限于人口密集的城区，未来还会进一步扩展到高空、海洋、沙漠等人口稀疏区域实施军事监控、大气和海洋环境监测等行为。与地面通信系统相比，卫星通信（如同步卫星或中、低轨道卫星等）具有覆盖范围广、通信容量大、不受地理条件限制、适用业务类型广泛等诸多优势，极大地拓展了信息传输的空间和时间尺度，是真正全球覆盖的网络，是抢险救援的重要器材，也是军队全域作战的必备手段。作为国家重要的空间基础设施，卫星通信通过动态的星间与星地微波链路将地面、海洋、空间与深空中的信息获取节点、信息存储节点、信息处理分发节点、信息使用节点紧密连接，可支持高动态、多样化、宽带、高可靠实时传输，广泛服务于通信保障、远洋航行、应急救援、导航定位、航空运输、航天测控等重大应用。但是，传统的卫星网络非常依赖视距通信，对位于城市中心、人口密集区域的用户而言，由于各种建筑物的遮蔽，仅依靠卫星提供的通信服务质量显然不如地面网络稳定。

随着移动互联网、物联网、车联网、大数据、机器学习、云计算、区块链等技术的蓬勃发展，无线通信网络呈现出许多新趋势。国际电联定义了泛在网络（ubiquitous network），即个人和无线设备无论何时何地何种方式以最少技术限制接入到服务和通信；并描绘了泛在网络愿景：5C（融合、内容、计算、通信、连接）和5A（任意时间、任意地点、任意服务、任意网络、任意对象）。泛在网络的基本特征是泛在通信和万物互联，对单一的地面通信或卫星通信带来了巨大挑战，也为两者的融合发展提供了良好机遇。

本书在回顾地面移动通信和卫星通信历史及现状的基础上，通过分析蜂窝通信和卫星通信继续独立发展面临的挑战，可以发现两者融合发展的巨大优势。由于地面网络的局限性以及传统卫星网络无法实现真正意义上的全球覆盖，将成熟的卫星移动通信网与地面蜂窝网有机融合所构成的星地协同传输网络，可发挥地面网络和卫星网络各自的优势。同时，兼顾人口稀少地区的有效覆盖以及人口密集区域的高效可靠通信，能有效地提升网络资源的利用率和用户的服务质量。随着无线通信朝移动化、异构化、全球化和多网系融合的方向发展，以及绿色无线通信的提出，使无线通信由追求宽带高速向追求效率和环保转变，一体化组网方式下的协同传输架构充分挖掘时域、频域、空域等多维空闲频谱资源。基于星间、星地协同处理，具有组网灵活、切换便捷、资源分配高效、有效扩展无线网络覆盖范围与保证移动用户服务质量等优势，已成为下一代无线通信网络的首选架构和研究重点之一。天地一体化信息网络同深海空间站、量子通信、量子计算机等项目成为第一批部署的面向2030年的国家重大科技专项。依托国家重点实验室、国家重大专项以及国家自然科学基金等项目的支撑，我国在天地一体化信息网络基础理论和关键技术方面的研究取得一定成果，但是相比于欧美等发达国家在该领域的研究强势和核心专利的拥有程度还处于明显弱势地位。因此，迫切需要面向未来天地一体化运行服务的新手段、新途径、新模式，开展更高和更深层次的应用基础理论研究，为进一步构建天地一体化的移动通信网提供理论依据和技术储备。

目前，针对星地融合认知网络的研究主要包括两种传输架构：一是基于卫星覆盖区域内地面中继站对卫星信号进行转发的协同中继传输，主要利用时域和空域维度资源；二是基于认知无线电技术下卫星和地面网络协同频谱共享，主要利用频域、码域等资源。尽管协作和认知技术的引入能够有效提升星地融合网络性能，但是为了提高频谱利用率，地面蜂窝系统与卫星通信系统使用相同频率时，就必须要考虑网络间同频干扰问题。基于上述分析，在频率和功率资源受限的条件下，如何基于星地融合网络实际模型对网络间干扰问题展开研究，并进一步保证卫星与地面网络共存、提高信息传输的有效性和可靠性亟待研究。本书主要针对干扰环境下星地融合认知网络中多维协同传输领域亟待解决的理论问题，通过对协作传输策略、信道容量分析、频谱共享技术、认知自适应传输方案等关键问题的深入研究，在完善星地融合网络中高效率传输方案以及理论分析方法的同时，从系统级层面分析混合网络各关键参数与主要性能度量指标之间的关系，从而为建立高效率、高可靠性的星地融合移动通信传输体制提供理论依据和技术支撑。

本书共分6章：第1章首先概述了星地融合网络概念与内涵，其次通过分析国内外发展现状，进一步探讨了所面临的技术难题，最后介绍了本书的研究内容；第2章主要研究了星地融合认知网络干扰性能分析；第3章主要研究了星地融合认知网络中继传输方法；第4章主要针对星地融合认知网络协同频谱共享方法展开研究；第5章主要针对星地融合认知网络协同安全传输方法展开研究；第6章针对星地融合认知网络协同资源优化方法展开研究。

本书作者所在的科研团队多年来一直致力于空天地一体化传输理论与关键技术方面相关

研究工作，具有较好的理论与技术基础。

在此，作者要感谢一起奋斗的同事们，包括：林敏研究员、朱卫平教授、郑淦教授、Symeon Chatzinotas 教授、Wong Kai-Kit 教授、欧阳键副教授、颜晓娟副教授等，他们对本书的完成给予了很多的建议和帮助。此外，还要特别感谢为本书的整理及校对而辛勤工作的学生们。

另外，特别感谢陆军工程大学全军优秀博士学位论文出版资助基金对本书的资助，感谢国家自然科学基金项目（编号：61901502，61471392，61371255，62001517）、人力资源与社会保障部全国博士后创新人才支持计划（编号：BX20200101）、国防科技大学科研计划重点项目（编号：ZK18-02-11）、江苏省自然科学基金项目（编号：BK20131068）、国防科技大学高层次创新人才卓越青年培养计划、移动通信国家重点实验室基金项目（编号：2012D15）对本书的资助。

随着研究工作的深入，我们深刻体会到，本书所反映的研究工作虽然取得了一定进展，但对于整个天地融合网络来说，所取得的成果只是“沧海一粟”。尽管本书作者查阅了大量的相关资料，借鉴了众多研究成果，但受到知识储备、研究深度、广度和能力水平所限，疏漏和不妥之处在所难免，恳请各位读者不吝批评指正。

最后，对本书中所借鉴和引用参考文献的作者，对在本书编写过程中提供资料支持和帮助的所有人员，以及对在本书的成稿过程中提出宝贵建议的专家学者表示衷心的感谢！

作 者

2023 年

注 释 表

主要英语缩略语（Abbreviations and Acronyms）		
AF	Amplify-and-Forward	放大转发
ASER	Average Symbol Error Ratio	平均误符号率
AWGN	Additive White Gaussian Noise	加性高斯白噪声
BF	Beamforming	波束形成
BS	Base Station	基站
CC	Cooperative Communication	协同通信
CCI	Co-Channel Interference	同频干扰
CCM	Channel Correlation Matrix	信道相关矩阵
CDF	Cumulative Distributed Function	累积分布函数
CR	Cognitive Radio	认知无线电
CSI	Channel State Information	信道状态信息
DF	Decode-and-Forward	译码转发
EVD	Eigenvalue Decomposition	特征值分解
FR	Fixed Relaying	固定中继
HZF	Hybrid Zero-Forcing	混合迫零
i. i. d	Independent and Identically Distributed	独立同分布
IR	Incremental Relay	增量中继
LCMV	Lineraly Constrained Minimum Variance	线性约束最小方差
LOS	Line of Sight	直达路径
MGF	Moment Generating Function	矩生成函数
MIMO	Multiple Input Multiple Output	多输入多输出
M-PAM	M-ary Pulse Amplitude Modulation	M 进制脉冲幅度调制
M-PSK	M-ary Phase Shift Keying	M 进制相移键控
M-QAM	M-ary Quadrature Amplitude Modulation	M 进制正交幅度调制
MRC	Maximal Ratio Combining	最大比合并
MRT	Maximal Ratio Transmission	最大比发射

续表

主要英语缩略语（Abbreviations and Acronyms）		
OP	Outage Probability	中断概率
OSA	Opportunistic Spectrum Access	机会频谱接入
PDF	Probability Density Function	概率密度函数
PZF	Partial Zero-Forcing	部分迫零
QoS	Quality of Service	服务质量
SER	Symbol Error Rate	误码率
SINR	Signal-to-Interference-plus-Noise Ratio	信干噪比
SM	Spatial Multiplexing	空分复用
SNR	Signal-to-Noise Ratio	信噪比
SR	Selection Relaying	选择中继
STC	Space-Time Coding	空时码
ULA	Uniform Linear Array	均匀直线阵

主要符号说明（Notations）		
x	Scaler	标量
$\boldsymbol{x}$	Vector	矢量
$\boldsymbol{X}$	Matrix	矩阵
$(\cdot)^{\mathrm{H}}$	Conjugate Transpose	共轭转置
$(\cdot)^{-1}$	Inverse of A Square Matrix	方阵的逆
$\lVert \cdot \rVert$	Matrix (Vector) Norm	矩阵(矢量)范数
$\lvert \cdot \rvert$	Absolute Value	绝对值
$\mathcal{N}_C(\cdot,\cdot)$	Complex Gaussian Distribution	复高斯分布
$\max\{\cdot,\cdot\}$	Maximum Value	最大值
$\min\{\cdot,\cdot\}$	Minimum Value	最小值
$\boldsymbol{I}_{N\times N}$	Identity Maxtrix	单位矩阵
$\boldsymbol{0}_{N\times M}$	$N\times M$ Zero Matrix	$N\times M$ 维零矩阵
$\mathbb{C}^{N\times M}$	Complex Space of $N\times M$ Dimensions	$N\times M$ 维复空间
$f_X(x)$	Probability Density Function	概率密度函数
$F_X(x)$	Cumulative Distribution Function	累积分布函数
$f_X(x\mid y)$	Conditional Probability Density Function	条件概率密度函数
$F_X(x\mid y)$	Conditional Cumulative Distribution Function	条件累积分布函数
$\Pr(\cdot)$	Probability of a Random Variable	随机变量的概率
$\mathcal{N}_C(0,1)$	Complex Normal Distribution	零均值单位方差复高斯分布
$\mathrm{diag}(\cdot)$	Diagonal Matrix	对角矩阵
$E[\cdot]$	Mathematic Expectation	数学期望
$O(\cdot)$	Higher Order	高阶量

目　录
CONTENTS

第 1 章
绪　　论

1.1　星地融合网络概念与内涵

卫星通信利用星上和地面设备，能够实现陆、海、空域移动用户之间，以及移动用户与地面网用户之间的通信。卫星网络具有诸多优势，其覆盖范围广、通信容量大、不受地理条件限制、适用于多种业务[1,2]，是真正全球覆盖的网络，是军队全域作战的必备手段，是远洋航行和空中飞行的可靠通信网络，是抢险救援的重要器材，也是高端消费者的国际漫游工具[3,4]。未来移动通信网络对音频、视频、互联网接入等各种宽带移动化、接入多样化的新业务需求在逐渐增加，向海量用户提供语音通话、网页浏览、多媒体业务宽带连接服务是未来无线通信发展的主要目标。与此同时，上述需求不仅只局限于城区等人口密集区域，未来还要进一步扩展到高空、海洋、沙漠等人口稀疏区域。为了能够随时随地向用户提供宽带移动接入服务，组网灵活、切换便捷、资源分配高效的多网异构融合机制便是一种切实可行的方案，也是下一代移动通信网络的发展趋势[5,6]。

传统地面移动通信网络经过若干代的发展，其网络拓扑结构较为固定，传输较为稳定可靠，服务质量（Quality of Service，QoS）较好。然而，传统地面网络的缺点也十分明显，不仅需要相关基础设施的支持，而且通信覆盖范围非常有限，在人迹罕至的高山、沙漠以及广阔的高空、海洋等区域无法做到有效覆盖[7]。此外，由于网络结构通常较为固定，在发生自然灾害或遭受人为蓄意破坏时，地面网络通信可能会完全中断，例如发生泥石流、台风、地震时地面通信基础设施受到大面积破坏而造成长时间通信服务中断的情况。与地面通信系统相比，卫星通信系统具有不受地理条件约束、可实现大范围覆盖、远距离通信和灵活组网等不能比拟的优点。尤其是对于沙漠、高原、山区等复杂地形区域，由于人口密度较小，若是部署地面固定基站，其架设和维护的经济成本都过高。考虑到我国幅员辽阔，有众多地质条件复杂且人口密度低的国土范围，这些区域通常不适合大规模兴建地面通信网，或者维护成本过高而难以长久维持，因而特别适合优先发展卫星通信服务[8]。但是，传统的卫星网络非常依赖视距通信，对位于城市中心、人口密集区域的用户而言，由于各种高楼等障碍物的遮蔽，仅依靠卫星提供的通信服务质量显然不如地面网络稳定。此外，对于军事侦察卫星或遥感卫星，如果缺少了地面系统的辅助保障，其搜集到的信息只能在飞过本国领土时才能直接传送给地面。

综述上述，将成熟的卫星移动通信网与地面蜂窝网有机融合所构成的星地融合网络具有诸多优势，在民用和军事领域都有着广泛的应用前景。因此，当地面网络由于突发的自然灾害被大面积破坏时，卫星通信系统可以在不需要重新组网的条件下及时弥补空缺。同时，地面通信系统能够有效地弥补卫星通信网络传输速率低、时延高和费用高等缺点。在军事领域，以侦察卫星为例，其所获取的信息既可以利用空间卫星传输，还可以借助地面辅助网络传输，提供了更加灵活多变的选择方案。星地融合网络结合地面网络和卫星网络各自的优势，同时兼顾人口稀少地区的有效覆盖以及人口密集区域的高效可靠通信，能有效地提升网络资源的利用率和用户的服务质量[9]。由于地面网络的局限性以及传统卫星网络无法实现真正意义上的全球覆盖，通过将地面网络与卫星网络相结合组成的天地一体化网络，同时具备地面网络延时小和卫星网络覆盖范围广的特点，不仅能够互为延伸、充分互补独立网络在覆盖方式上的缺陷，而且能为用户提供更多备选的接入方式以及全方位、高质量的服务[10,11]。

目前，全球范围内都已开展关于5G（5 Generation）传输体制、关键技术等领域的研发工作，在2020年前进行全面商用部署。相对而言，卫星移动通信系统的发展要明显滞后于地面移动通信系统。目前，国际电信联盟（International Telecommunication Union，ITU）只发布了基于长期演进（Long Term Evolution，LTE）的卫星4G（4 Generation）空中接口标准[12,13]。尽管发展迅速，民用地面移动通信系统以服务地面用户为主，无法与卫星直接联通，在海面、沙漠等区域存在覆盖盲区[14,15]。对5G通信系统开放高频段资源，使得地面移动网络与卫星网络能够共享频谱资源，为构建天地一体化网络奠定技术基础。5G通信系统标准中明确了移动终端以及基站等设施与卫星通信系统的接入规范，支持地面移动终端与卫星进行高速数据传输，大大降低了异构接入延时，有利于构建天地一体化民用通信系统[16]。

工业和信息化部和中国工程院分别于2013年和2015年召开了两次“天地一体化信息网络”高峰论坛，论坛的宗旨为构建开放的“天地一体化信息网络”交流平台，促进我国“天地一体化信息网络”的发展。2015年8月，科学技术部依托中国航天科技集团建立天地一体化国家重点实验室，面向未来空间基础设施天地一体化运行服务的新手段、新途径、新模式开展应用基础理论研究和研究技术研发，努力促进我国“天地一体化信息网络”的快速发展。在2017年两会议案上，天地一体化信息网络也同深海空间站、量子通信、量子计算机等项目成为第一批部署的面向2030年的国家重大科技专项。由此可见，天地一体化网络已经上升到国家战略高度，成为国家长远发展和人民生活密切相关的重大工程项目。近年来，我国的通信基础设施建设取得了前所未有的巨大成就，有线通信和无线通信两个系统相结合构成的现代通信网已经颇具规模，但是目前地面通信和卫星通信网都无法满足全天候和全地域的国家战略需求。因此，建立一个具有自主知识产权的卫星移动通信，并进一步构建天地一体化的移动通信网，是当前我国信息化建设中刻不容缓的一件大事。通过广泛吸收国内外移动通信领域的最新研究成果，深入研究星地融合移动通信网中的高效率关键传输技术，解决其中涉及的若干关键理论问题，为进一步构建天地一体化的移动通信网提供理论依据和技术储备，符合我国建设创新型国家的发展战略，对实现我国信息化建设飞跃式发展具有重要意义。

1.2 国内外发展现状

星地融合网络的最终目标是实现传统卫星网络和地面网络的高度有机融合，利用天、地信息网各自独特优势，通过时域、频域、空域等多维空间信息的获取、传输、综合处理，以及任务的分发、组织和管理，实现多维复杂网络信息的一体化处理和最大化资源利用率，充分发挥一体化网络架构下全局信息处理、灵活的部署、广泛的覆盖范围、智能的处理能力。网络融合所带来的首要问题是体系架构设计，即明确卫星和地面网络在一体化网络中的角色和作用，进而才能充分发掘卫星和地面网络各自独特优势。针对特定的架构方案，进一步综合考虑用户需求、服务类型、传输环境、网络状态等各方面因素，为用户提供最佳的接入方式和及时高效的服务。

随着无线通信朝移动化、异构化、全球化和多网系融合的方向发展，以及绿色无线通信的提出，使无线通信由追求宽带高速向追求效率和环保转变，结合卫星移动通信网和地面蜂窝网各自的优势以及所固有问题，基于协作和认知关键技术所构建的星地融合移动通信网（图 1-1）在带宽、功率消耗、频谱使用以及提供综合业务上具有明显的优势，成为当今移动通信领域一个新的研究亮点。信息技术在推动产业革命，改变人们日常生活方式的同时，也带动了新军事变革，使得战争形态、作战样式、战斗力生成模式等都将发生深刻的变化。在这种情况下，军事无线通信作为战场信息传输的桥梁和纽带，面临着前所未有的挑战，从体系架构到实现技术都将发生重大的变革。在网络结构上，由过去的树状、星状、栅格状等多种状态，向扁平化、分布式、自组织、网状网等方向发展，特别是无线 Mesh+Ad hoc 网络组成的分层分布式网络，成为各国军事通信网的典型组网模式；在无线传输技术上，由过去的倚重先进的调制编码结合频域、时域抗干扰向多维域联合处理以及多手段综合运用的方向发展；最终目标是综合运用多种通信手段，构建空天地一体化立体军事通信网，如图 1-2 所示。考虑到我国现有的技术水平与预期目标相比还存在着较大的差距，因此迫切需要针对星地融合网络相关领域关键技术开展研究，力争在基础理论和技术方案上为未来军事无线通信的发展开辟新的方向。

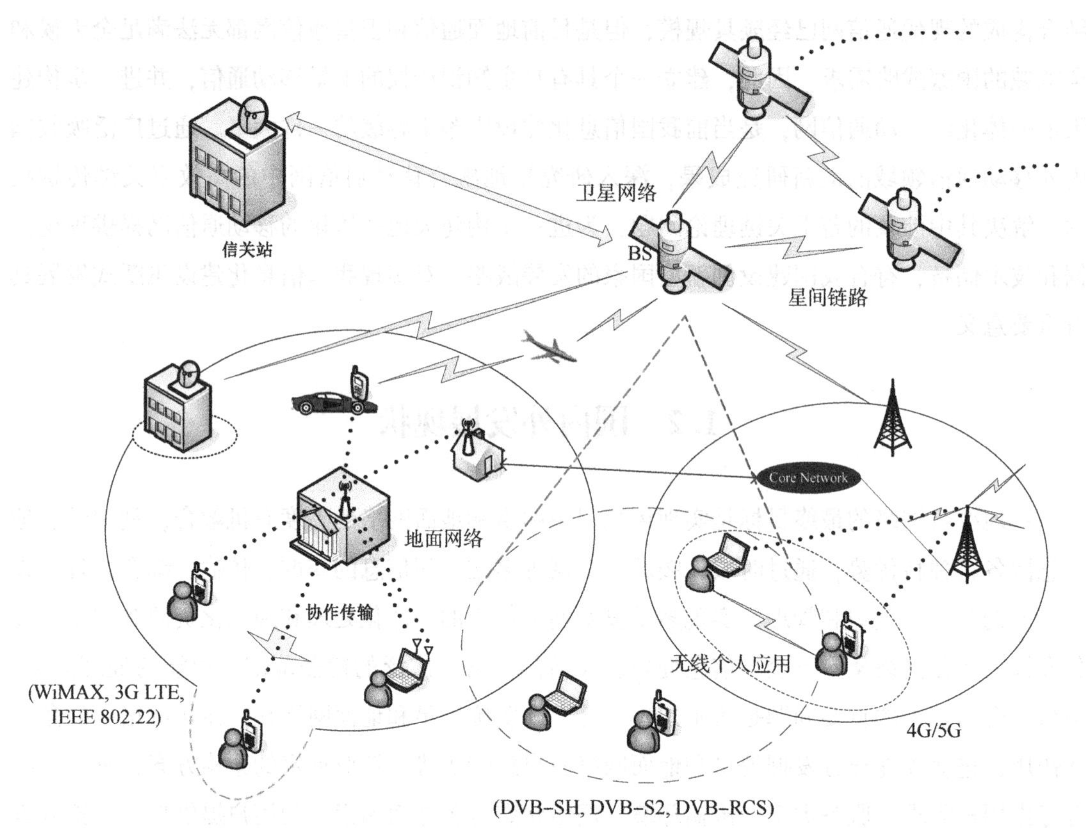

图 1-1　星地融合移动通信网

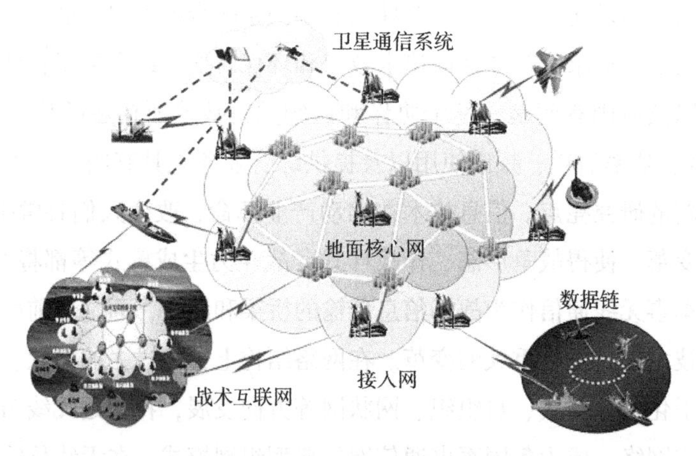

图 1-2　空天地一体化立体军事通信网

1.2.1　发展阶段

近年来，尽管传统卫星和地面无线通信网都经历了飞速的发展，但是星地融合移动通信网的研究还处于起步阶段。总的来看，空间信息网（Space Information Network，SIN）、融合星地网络（Integrated Satellite-Terrestrial Network，ISTN）、混合星地网络（Hybrid Satellite-

Terrestrial Network，HSTN）和空地一体化网络（Integrated Space-Terrestrial Network，ISTIN）等网络架构的概念是在不同时期、不同背景下提出的[3-9]。虽然上述概念在设计理念、体系架构、服务能力、融合程度等方面呈现出一定差异性，但是都着重强调了不同类型空间节点和地面节点间的相互协作是研究和建设天地一体化信息网亟待解决的关键问题。

（1）初级阶段。蜂窝通信和卫星通信融合的初级阶段是星地联合网络，其模型如图1-3（a）所示。其主要特征是：蜂窝系统和卫星系统除了共用网管中心之外，保持各自接入网、核心网（卫星信关站兼具接入网和部分核心网功能）、所用频段的独立性。终端可支持蜂窝和卫星中的任意一种接入模式或两种接入模式。在图1-3（a）中，终端A处于卫星波束覆盖范围内，选择卫通模式直接通过卫星接入；终端B处于地面蜂窝覆盖范围内，选择蜂窝模式直接通过基站接入；终端C处于卫星和蜂窝的覆盖交叠范围内，可选择以卫通模式通过卫星接入或以蜂窝模式通过基站接入。网管中心主要提供对网络的配置管理、性能管理、故障管理、安全管理和计费管理等功能。

（2）中级阶段。蜂窝通信和卫星通信融合的中级阶段是星地混合网络（hybrid network），其模型如图1-3（b）所示。其主要特征是：蜂窝系统和卫星系统共用网管中心，空口部分基本统一，保持各自核心网和所用频段的独立性。几乎所有终端都可支持蜂窝和卫星两种接入模式，且可自适应选择。在接入方面，包括：终端A处于卫星波束覆盖范围内，选择卫通模式直接通过卫星接入；终端B处于地面蜂窝覆盖范围内，选择蜂窝模式直接通过基站接入；终端C处于卫星和蜂窝覆盖交叠范围内，可选择卫通模式通过卫星接入或蜂窝模式通过基站接入；终端D处于卫星波束覆盖范围内，但直接接入困难，可选择卫通模式通过CGC转接至卫星。在回传方面，包括：终端A和终端D以卫通模式接入卫星，并通过卫星馈电链路回传；终端B以蜂窝模式接入基站，基站以地面传统方式回传至蜂窝核心网；终端C对应基站既可以类似终端B对应基站的传统方式回传，在受到地域等因素限制时也可通过地星回传链路→卫星馈电链路回传至蜂窝核心网。混合网络模型涉及ATC/CGC的接入方式和回传方式。目前，3GPP正在研究面向Rel-16的“基于卫星接入的5G”，可能会采用与本模型（部分）相似的架构。

（3）高级阶段。蜂窝通信和卫星通信融合的高级阶段是一体化星地融合网络，其模型如图1-3（c）所示。其主要特征是：整个系统的无线接入点（Access Point，AP）、频率、接入网、核心网完全统一规划和设计。在AP方面，根据覆盖范围由大至小包含卫星宏基站、地面宏基站/小基站/微基站及综合中继站。其中，卫星宏基站由卫星及其地面站共同组成，具有与地面宏基站相似的功能；IRN是CGC和RN的综合和升级，支持地地中继和地星中继，主要起覆盖补盲和信号增强作用。因此，以上各种AP形成了一个超级异构网络。在频率方面，根据网络异构特性统一规划设计。卫星宏基站的每个点波束覆盖范围一般远大于一个地面基站的覆盖范围，因此只要限制卫星点波束下的地面蜂窝不使用该点波束分配的频率即可。在接入方面，终端可自适应选择不同接入模式，包括：终端A处于卫星和地面覆盖交叠范围内，当卫星信号很强时选择直接通过卫星接入（A-1）；当卫星信号较强但不足以直接接入时，选择通过 IRN 转接至卫星接入（A-2）；当地面信号很强时选择直接通过地面基站接入（A-3）；当地面信号较强但不足以直接接入时，选择通过 IRN 转接至另一地面基站接入（A-4）。终端 B 和终端 C 均处于地面小区直接覆盖范围内，选择通过地面基站接入。在核心网方面，整个网络共用一个核心网，使用 SDN/NFV 技术把各网元功能软件化，并借鉴 5G 网络中控制与转发分离思想，使其能提供最大的灵活性、开放性和可重构性。天地融合演进的高级阶段为未来的泛在通信和万物互联提供有效的解决方案，最终形成一个全球覆盖、超级异构、高度可靠、富有弹性的泛在网络。

（4）终极阶段。随着卫星通信及地面 5G 通信中宽带应用和服务需求的不断增加，一体化星地融合网络中频谱短缺的问题日益突出。为了在有限频谱资源上服务更多的用户，星地融合认知网络引起了学术界和工业界的广泛关注。如图 1-3（d）所示，认知星地融合网络允许其次级通信选取合适的接入方式，灵活共享初级通信的频段。如何实现初级通信与次级通信间的良好共存是星地网络认知面临的主要挑战。然而，由于卫星网络工作频段跨度较大，且地面网络通信链路情况较为复杂（包括基站到用户间的链路以及基站间的链路），导致认知星地网络场景复杂多样，网络中初级用户可以是卫星通信或地面通信，次级用户也可以是地面通信或者卫星通信。

1.2.2 研究进展

一体化星地融合网络一个重要的特点就是可以实现对移动用户的无缝服务。对于下一代卫星通信系统而言，广域的覆盖范围是重要技术指标。但是在现实情况中，卫星通信容易受树木、建筑等障碍物遮蔽或者大气雨衰的影响而出现阴影效应，造成卫星与终端的通信信号较差[11]。在阴影效应较强的情况下，常见于地面终端处于室内或者与卫星之间直达路径被所处地面环境附近建筑物或树木完全遮挡的场景，用户较长时间处在盲区，因而正常通信难以保障。从保证无线链路的可靠性角度出发，增大发射机功率的传统解决方法对有效载荷限制下的通信卫星来说并不可行。

协同通信（Cooperative Communication，CC）技术的基本思想是通过节点之间协作提供分集增益，从而实现提高传输质量、有效对抗衰落、扩大无线覆盖范围。Van der Meulen 最早提出的源、中继、用户构成的三节点传输模型以及 Cover 在中继通信领域信息论方面的奠基性工作是协同中继传输的最早的研究工作[17]。在蜂窝网的应用背景下，Sendonaris 等随后提出了“用户协作分集”概念，定义了两用户互为协作中继节点的系统模型，并进一步通过理论推导证明用户间协作能够有效提升系统服务质量。当卫星和地面用户之间由于遮蔽效应而无法建立通信链路时，地面辅助组件作为协作中继节点参与传输，可以为用户提供一种有效的、低成本的覆盖。运用协作传输理论，在降低硬件设备尺寸和成本的基础上同时能够获得额外的分集增益、提升服务质量、扩展网络覆盖范围、节省终端功率消耗。随着卫星

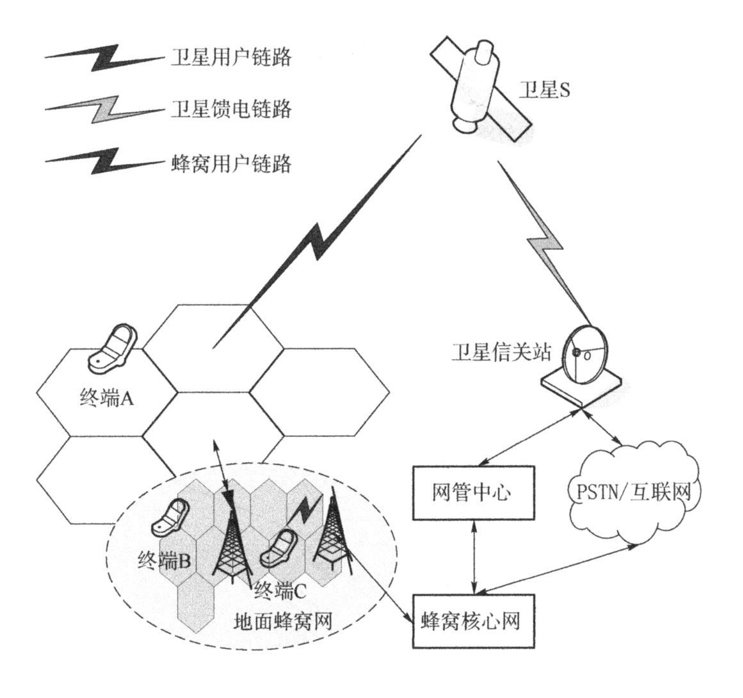

（a）初级阶段：天地联合网络

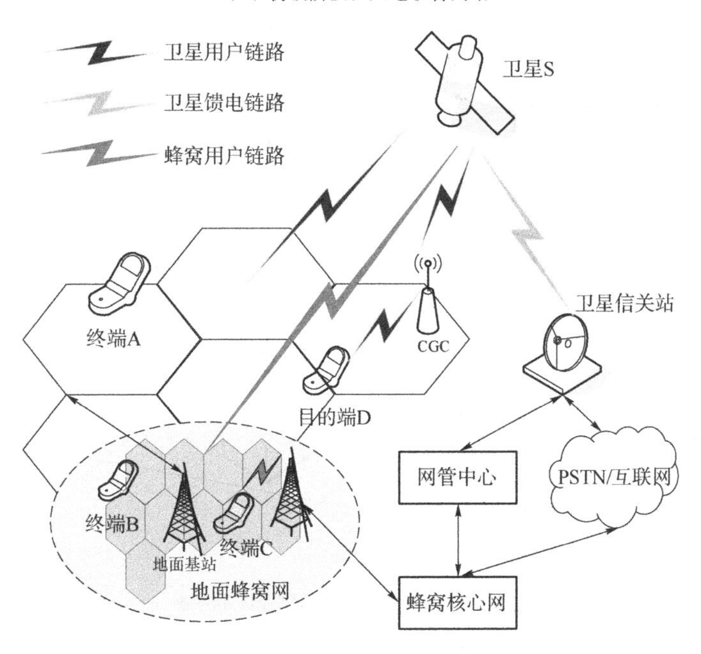

（b）中级阶段：天地混合网络

图 1-3 星地融合网络发展阶段[16]

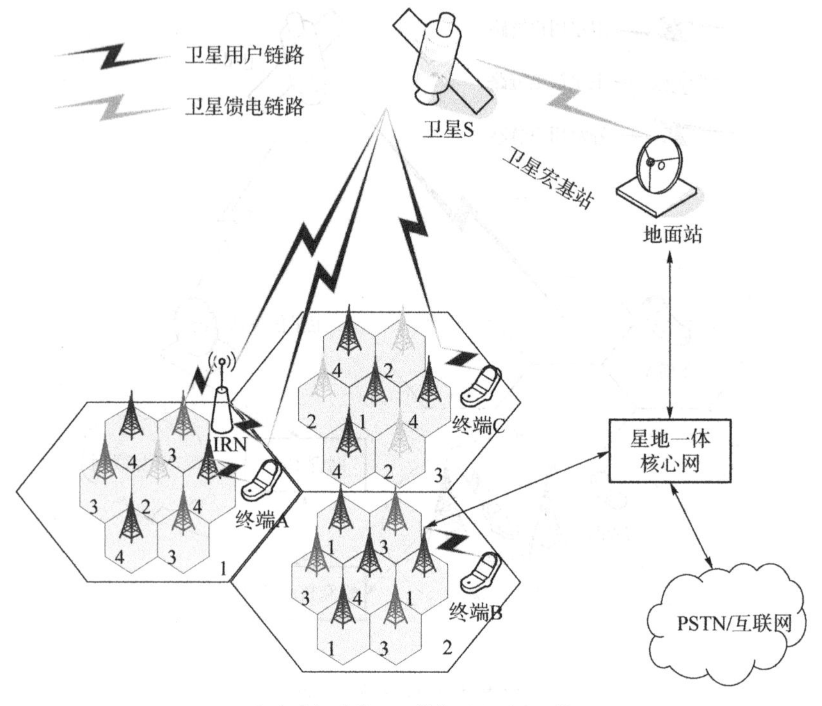

（c）高级阶段：一体化星地融合网络

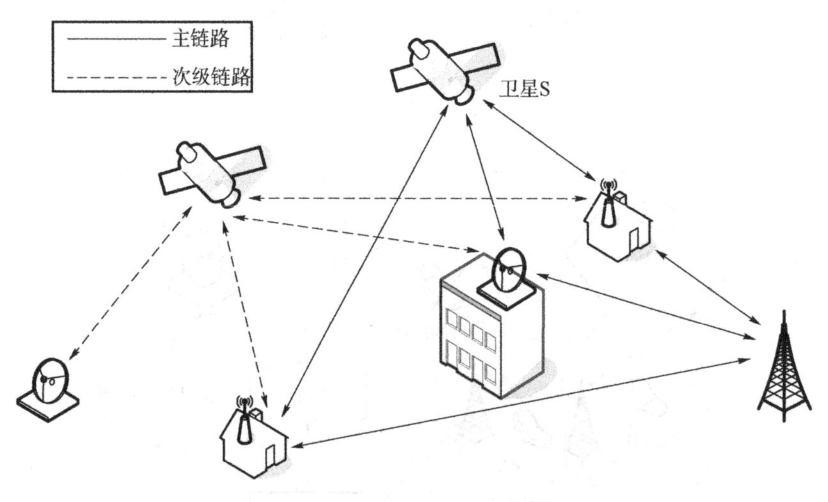

（d）未来发展阶段：星地融合认知网络

图 1-3　星地融合网络发展阶段[16]（续）

移动通信网对可靠性、有效性、能效性、安全性具有更高的要求，以异构化、自组织化和资源配置自由化为特征的协作中继技术未来将会在星地融合通信领域得到更加广泛的应用。地面中继技术的一个重要特性就是透明性，考虑到卫星信道传播时延较长的特点，在卫星通信系统中引入地面辅助中继节点转发卫星数据，能够有效提升人口密度大、业务类型复杂的城市地区用户通信质量[18]。星地融合协同传输网络的重要特征包括：地面基站和卫星共用同一个频段，卫星空中接口可以兼容地面移动通信的空中接口，这使采用一种模式就可以与卫星和地面基站进行通信。

根据中继节点对接收信号处理方式的不同，协同中继传输的常用转发协议主要包括放大转发（Amplify-and-Forward，AF）中继策略、译码转发（Decode-and-Forward，DF）中继策略和增量中继（Incremental Relay，IR）策略等。文献［21］在建立协同通信传输模型、协作策略的同时，通过重要性能指标的理论推导证明协同传输技术能显著提升无线通信系统的性能。在星地融合协作传输网络中，利用地面中继节点协助传输卫星数据，能够极大扩大卫星通信的覆盖区域，有效地改善无法建立视距链路的用户的通信质量。

文献［22］在卫星到中继链路、卫星到用户链路都服从 Rician 分布，而中继到用户链路服从 Nakagami-*m* 分布的条件下，针对多个地面中继采用可变增益放大转发方式的星地融合协同传输网络，推导出存在和不存在直达路径（Line of Sight，LOS）两种情况下中断概率（Outage Probabiilty，OP）和误符号率（Symbol Error Rate，SER）的解析表达式，并通过仿真验证了中继协同传输的优越性。文献［23］将其结果扩展到固定增益放大转发星地融合协同传输网络的场景。考虑到可见光通信技术绿色低碳、低耗能的优势，文献［24］将协作传输进一步推广到星地融合自由空间光通信网络。文献［25］针对多跳星地融合协同传输网络，基于矩生成函数（Moment Generating Function，MGF）反变换得到中断概率的数值解。文献［26］比较了星地融合协作传输网络在固定中继（Fixed Relaying，FR）和选择中继（Selection Relaying，SR）策略下的中断概率性能。此外，文献［27］研究了译码转发策略下单频星地融合协同传输网络的遍历容量性能。文献［28］讨论了未来绿色通信背景下星地融合网络的频谱效率和能量效率。文献［29］针对卫星和终端之间不存在直达径且只有一个地面中继用于辅助卫星信号传输的情况，比较了放大转发和译码转发策略下系统的误符号率性能。文献［30］针对地面中继采用放大转发方式来辅助卫星信号传输的场景，推导出不同调制方式下系统 SER 的闭合表达式。

近年来，由于在改善频谱效率、功率效率以及提升传输速率上的优势，多天线技术被逐渐应用于卫星通信中，并且提出了多种方案，主要包括空时码（Space-Time Coding，STC）[31]、空分复用（Spatial Multiplexing，SM）[32,33]及波束成形（Beam Forming，BF）等[34,35]。文献［36］以卫星多媒体广播和组播业务为背景，基于卫星和地面中继协同传输，提出在卫星和地面中继站采用空时编码技术来获得分集增益，并通过仿真证明了在城市和郊区这两种环境下均能有效降低系统的错误概率。文献［37］在文献［36］的基础上，进一步提出了空时编码和码率兼容 Turbo 码相结合的方案以获得分集增益和额外编码增益。计算机仿真表明，该方案能获得 0.8~2.3 dB 的功率增益。文献［38］和文献［39］针对星地融合广播系统，首先提出将卫星和地面中继站及终端的多个天线构成一个 MIMO（Multiple Input Multiple Output，MIMO）场景；然后通过分层空时块码来实现信号传输的方案，并通过仿真证明了它适合于深度、中等和低阴影这三种典型的卫星移动信道环境。基于Alamouti空时码的传输方案，文献［40］研究了放大转发策略下星地融合协同传输网络平均误符号率性能。文献［41］分析了基于空分复用技术星地融合协同传输网络吞吐量的提升。文献［42］研究了放大转发和译码转发中继策略下的多天线星地融合网络中断概率和平均误符号率性能。针对卫星和终端配置多天线的放大转发策略下星地融合协同传输，文献［43］推导了地面中继接收时采用最大比发射（Maximal Ratio Transmission，MRT）、发射时采用最大比合并（Maximal Ratio Combining，MRC）波束形成方案下系统平均误符号率的解析表达式和高信噪比（Signal-to-Noise Ratio，SNR）下的渐进表达式。考虑天线阵列的单元间距受到限制和收发天线间的散射体不足，文献［44］研究了天线相关性对放大转发星地融合中继网络中断概率、平均误符号率和遍历容量性能的影响。此外，针对两个多天线地面基站之间通过卫星中继传输信号的情况，文献［45］和文献［46］分别分析了在译码转发和放大转发中继策略下星地融合中继网络的SER、遍历容量、高信噪比时分集度和阵列增益性能。文献［47］和文献［48］进一步将上述研究工作推广到卫星作为双向中继站的场景。

需要指出的是，由于卫星通信路径损耗大、传输延时长等客观因素，系统实际所获得的信道状态信息（Channel State Information，CSI）与实际值之间存在误差[49,50]。针对存在信道估计误差的星地融合放大转发中继网络，文献［51］提出了一种联合信道估计和检测方案，通过推导系统SER的解析表达式分析了不准确CSI对混合网络性能的影响。针对存在信道估计误差的双向卫星中继场景，文献［52］提出了一种联合波束形成和信道估计的方案，通过推导系统平均误符号率（Average Symbol Error Rate，ASER）和遍历容量的解析表达式验证了所提出方案的有效性。文献［53］和文献［54］针对星地融合DVB-SH系统，首先将通信卫星作为源节点，信关站作为中继节点，终端作为目标节点，构成一个三节点协同中继传输模型；然后提出了延时分集协作方案，用于降低卫星和终端间不存在LOS情况下的错误概率。由于网络拓扑结构、功率、传输特性、接收机设计等诸多因素的差异，可以有效帮助源节点进行传输并最终获得显著分集增益的中继节点往往是有限的，需要从这些有限的中继节点中选择部分节点参与整个协作传输过程。因此，在多中继星地融合网络中，需要从提升系统吞吐量或优化网络性能方面考虑，从多个中继中选择一个“最优”的中继节点。针对多个地面中继辅助传输的星地融合协同传输网络，文献［55］研究了最优中继选择策略下系统中断概率性能。针对多用户混合卫星-地面放大转发中继网络，文献［56］研究了最优用户选择方案下系统中断概率和遍历容量性能，并通过高信噪比渐进解分析了多用户选择方案下系统分集度。此外，文献［57］进一步将文献［25］中的工作推广到多中继多用户联合选择的场景。

卫星通信网络是典型的资源受限网络，由于星载天线形成的点波束覆盖范围要远远大于地面蜂窝小区，其频谱资源的划分通常基于固定模式。在频谱资源日益紧缺的背景下，卫星和地面网都存在着当网络负载较低时频带利用不充分的问题，其所分配的频段实际上只有为数不多的窄频段被有效利用。如何有效利用宝贵的星地间信道频谱资源克服通信带宽瓶颈一直是亟待解决的问题。认知无线电（Cognitive Radio，CR）技术从提出以来经历了多年发展，虽然CR技术已经在地面网络中得到充分的研究，但在卫星通信领域中的应用还处于起步阶段。近年来，利用CR技术提升卫星通信频谱效率已经成为一个研究热点问题。目前，国内外学者已经形成一个共识，在星地一体化网络中，通过卫星网络和地面网络之间进行频谱资源的共享，能够有效提升混合网络整体频谱资源利用率。如图1-4所示，卫星和地面通信网络频谱共享构成的星地融合认知网络能够很好解决目前存在的频谱资源紧缺问题[19]。通过对时域、频域、空域等资源的频谱环境感知，智能化地自动寻找瞬时的频谱空穴并给予充分利用，大幅提升融合网络频谱资源的使用率，具有广阔的应用前景[20]。利用CR技术，一方面，卫星和地面网络主次用户之间的频谱效率大幅提升；另一方面，能够有效规避突发干扰，自适应性和稳健性强。地面认知通信网受覆盖范围的限制，认知终端用户数以及地理分布条件相对有限。与地面蜂窝网相比较，卫星通信具有波束覆盖范围广的优势，能够极大提升认知用户对授权频段的接入机会。这体现了卫星网络环境固有特点对认知无线电技术应用带来的提升。

卫星通信频谱环境的复杂性远高于地面移动设备，目前卫星移动通信系统主要使用L波段和S波段，而这一范围恰是地面通信应用的重点区域，网络间干扰是需要考虑的重要因素。混合网络架构下复杂的无线传输环境对星地融合网络频谱管理方案提出了更严格的要求，而传统的频谱管理方式是选择固定的频段进行通信，这导致频谱实际利用率的低下。认知无线网络技术的核心思想是频谱的再利用，智能地优化配置各类无线资源，从根本上改变了现有频谱资源的分配和使用方式，逐步引导卫星通信向异构融合的方向发展[60,61]。

总体来说，尽管CR技术在星地融合领域的研究正在逐步开展，但目前依然处于起步阶段，且缺乏比较完善的体系架构，因此如何利用认知思想推动卫星和地面通信网络整体发展亟待研究[62]。表1-1针对不同卫星通信频段，系统总结归纳了星地融合认知网络可行的场景，目前主要集中在S波段和C波段。图1-4分析了CR在卫星通信的基本网络架构，针对前向和反向链路的模式，可以包括两种场景：①卫星网络作为主用户网络，而地面网络作为次级用户接入卫星授权频谱；②地面网络作为主用户网络，而卫星网络作为次级用户接入地面授权频谱[63]。考虑到地面终端发射功率有限，且到卫星端传输距离远、路径损耗大，因而对卫星的干扰通常忽略不计。

表1-1 星地融合认知网络可行的场景

场景	频段	频率范围	卫星轨道	链路方向
A	Ka	17.3~17.7 GHz	GSO	Downlink
B	Ka	17.7~19.7 GHz	GSO	Downlink
C	Ka	27.5~29.5 GHz	GSO	Uplink

续表

场景	频段	频率范围	卫星轨道	链路方向
D	Ku	10.7~12.75 GHz, 12.75~13.25 GHz, 13.75~14.5 GHz	GSO	Downlink, Uplink, Uplink
E	C	3.4~3.8 GHz	GSO	Downlink, Uplink
F	S	1 980~2 010 MHz, 2 170~2 200 MHz	GSO	Uplink, Downlink
G	Ka	17.8~20.2 GHz, 27.5~30 GHz	NGSO	Downlink, Uplink

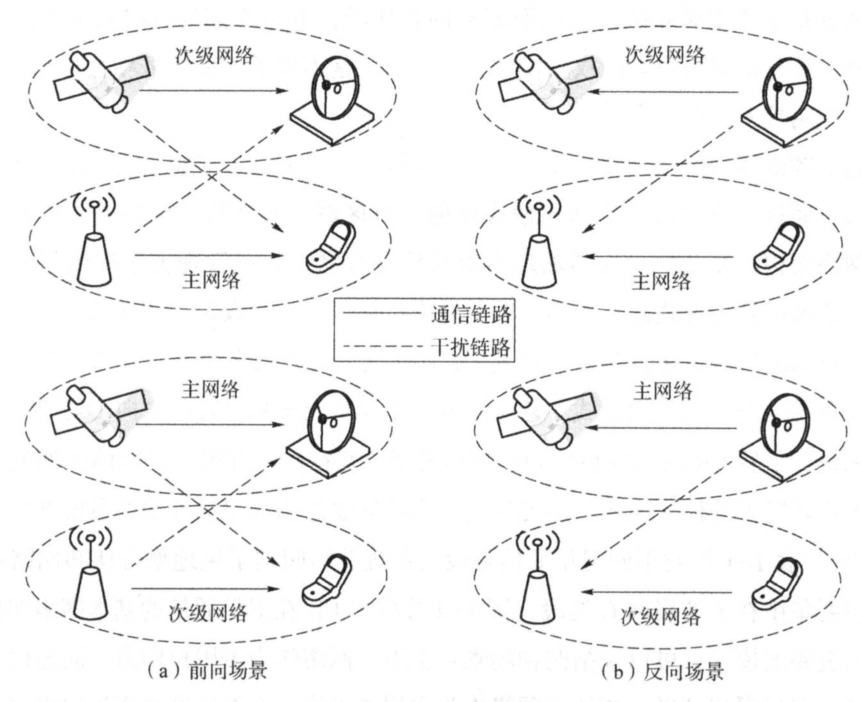

图 1-4 星地融合认知网络架构

CR 的核心思想是频谱资源的有效再利用，通过动态共享方式来提高频谱资源的利用率。在认知星地融合网络中，地面用户和卫星用户分别作为次级用户和主用户，其中次级地面用户在保证不影响卫星用户正常通信的条件下，允许其共享卫星网络的授权频谱资源。现有针对 CR 无线网络的研究主要针对下面三种频谱共享方式：基于感知接入的 Interweave 频谱共享方式，基于干扰温度的 Underlay 频谱共享方式和基于协作中继的频谱 Overlay 共享方式[64]。

Interweave 方式也称为基于频谱感知接入方式。以卫星网络作为主用户的场景为例，当次级地面用户检测到卫星用户工作在空闲状态时，即可以使用该授权频段，等价于机会频谱接入（Opportunistic Spectrum Access，OSA）。为避免对卫星用户的影响，当检测到优先级更高的卫星用户开始工作时，地面次用户需要立即让出所占用频段，即切换频段或停止工作。对于 Underlay 方式，其允许卫星和地面用户共享同一频段，但需要预先估计主用户在不影响正常工作状态下可接受的最大干扰功率，确保次级网络保证所产生的干扰在主用户的干扰阈值以下。在基于协作中继的频谱共享方式的 Overlay 方式下，次用户为了获取接入主用户频谱机会，自身作为协作节点转发主用户信号[65]。

在现有工作中，文献［66］分析了可行的认知星地融合场景以及相应的认知技术，此外还分析了适用于认知星地融合网络的频谱共享和波束形成技术。文献［67］归纳总结了星地融合认知网络频谱感知算法的优缺点，并进一步结合不同算法特点分析了适用的场景。考虑主卫星用户干扰阈值约束，文献［68］提出了星地融合认知网络下行链路基于次级地面用户网络传输速率最大化准则下的功率分配方案。进一步，文献［69］将其结论扩展到上行链路星地融合认知网络，提出了一种基于主卫星用户网络遍历容量最大化准则下的最优功率分配方案。此外，文献［70］提出了一种适用于认知星地融合网络的联合功率、载波、带宽的资源分配方案。文献［71］从频谱感知方面介绍了基于 CR 的低轨卫星通信系统。文献［72］提出基于智能基站的卫星通信 CR 体系结构。针对卫星和地面基站均配置多天线的认知星地融合网络，文献［73］推导了低复杂度 MRT 方案下次级地面网络遍历容量的近似表达式。为了抑制认知星地融合网络中的同频干扰从而保证混合网络共存，文献［74］考虑在地面基站配置多天线，提出了一种次级地面用户信干噪比（Signal-to-Interference-plus-Noise Ratio，SINR）最大化同时对主卫星用户干扰最小的发射波束形成方案。针对不完整信道信息下的星地融合认知网络，文献［75］提出了一种以地面多天线基站传输功率最小化为优化目标，以保障主卫星用户和次级地面用户 SINR 高于阈值为约束条件的稳健波束形成优化算法。在 Ka 频段双星认知网络场景中，文献［76］基于干扰链路统计特征，研究分析了主卫星用户最小保护间隔的数学解析表达式。文献［77］的研究表明，基于 CR 的卫星终端能够有效地与其他地面系统共享频率资源。文献［78］研究了基于 CR 技术的卫星和地面系统集成多媒体通信，并且归纳了卫星终端设备与其他地面系统能够共享的频率和空间资源。文献［79］研究了基于 CR 的多波束双星系统的频谱共享策略，主要关注的系统性能指标是多波束和波束跳变系统吞吐量的对比。文献［80］提出了基于卫星覆盖范围的多频谱状态检测策略。文献［81］提出了一种卫星和地面用户作为主、次用户的博弈模型，并基于效用函数进行纳什均衡求解最优化功率分配策略。文献［82］提出一种允许认知用户基于空闲卫星信道资源进行频谱感知的接入策略。

1.3 星地融合网络面临的技术挑战

总结以上关于一体化星地融合网络和认知星地融合网络的研究现状可以发现，当前，有关星地融合网络协同传输理论与方法研究仍处于探索阶段，尤其是针对空间节点分布式、高动态特点下，信息传输距离远、星上处理能力受限、天基传输链路与地面传输链路的非对称性、空间节点频谱和功率资源有限、开放网络环境面临干扰和窃听威胁等问题带来了前所未有的挑战，大量的开放性问题亟待解决。在一体化星地网络中，共信道干扰是制约网络性能的一个主要因素，干扰类型主要包括：①卫星和地面各自网络内的干扰；②卫星和地面网络间的干扰。一方面，为了提高频谱利用率，卫星运营商允许地面网络与卫星网络共享同一段频谱，进而造成了卫星网络与地面网络间的共信道干扰问题；另一方面，随着地面用户数及服务需求的增加，地面网络频谱资源也日益紧张，地面蜂窝网络中多小区之间允许全频复用，在提升网络吞吐量的同时，引入了小区间干扰。尤其是当前地面网络小蜂窝架构下网络密度不断提升、卫星点波束覆盖区域逐渐增大所导致的重叠覆盖，将造成更为复杂的干扰环境[86,87]。基于上述分析，如何基于星地融合网络实际模型，从统计角度分析星地融合网络中干扰问题，以及如何有效保证卫星网络和地面网络共存问题亟待研究。针对认知星地融合网络架构，需要综合考虑星地融合网络的体系架构、地面终端和空间平台的属性（天线模式、功率大小、移动性强弱)、感知共享频段属性（带宽属性、多域属性)、信号往返时延等方面，现有频谱感知技术需要进行适应性修正和重新设计，卫星网络和地面网络之间的干扰对融合网络的性能影响还尚未得到充分的研究，缺乏系统、完备的理论分析方法。

1.4 本书主要内容

本书从星地融合网络的发展需求和实用化问题出发，围绕一体化星地融合网络和认知星地融合网络典型架构，从多维度开展协同传输理论与方法研究。综合考虑用户需求、传输环境、网络状态等各方面因素，针对一体化星地融合网络和认知星地融合网络架构下协同传输领域亟待解决的理论问题，研究如何通过系统优化设计和自适应传输策略调整来提高能量和频谱效率。通过对星地融合网络协同传输信道容量分析、频谱共享认知技术、认知自适应传输策略等关键问题的深入研究，以完善星地融合网络中高效率传输方案以及理论分析方法，从系统级层面分析网络参数与主要性能度量指标之间的关系，从而为建立高效率高可靠性的星地融合移动通信传输体制提供理论依据和技术支撑。

本书共6章，具体内容如下。

第1章绪论。从星地融合网络概念与内涵出发，系统性地阐述了星地融合网络的研究意义和研究现状，总结归纳了主要研究内容和创新点，并给出全书的组织结构安排。

第2章星地融合认知网络干扰性能分析。针对地面中继和卫星用户都受到多个同频干扰的场景，考虑地面中继节点采用放大转发策略，推导了星地融合协同传输网络遍历容量、中断概率和平均误符号率等关键性能指标的理论表达式，揭示了同频干扰环境下，各系统参数对协同传输网络性能的影响。此外，通过对高信噪比时渐进表达式的分析，进一步得到系统分集度和阵列增益。

第 3 章星地融合认知网络自适应中继传输方法。针对地面网络用户采用干扰温度约束的场景，推导了星地融合译码转发协同传输网络中断概率性能，并基于此分析了中继节点天线数、卫星到中继链路接收俯仰角、卫星到地面用户干扰链路接收俯仰角、中继节点到卫星用户链路和中继节点到地面用户干扰链路信道衰落系数对协作系统中断概率的影响；另外，通过分析高信噪比下的渐进表达式，进一步得到星地融合协同传输网络在干扰约束下的分集度和阵列增益。

第 4 章星地融合认知网络协同频谱共享方法。针对卫星网络和地面网络分别作为主用户和次级用户网络共存的星地融合认知网络，基于主卫星网络干扰温度的频谱共享方式，同时结合次级地面网络最大发射功率限制条件，推导了次级地面用户中断概率的解析表达式。此外，通过分析平均功率约束和峰值功率约束条件下高信噪比时中断概率的高阶表达式，得到了卫星用户固定干扰温度和可变干扰温度两种情况下次级地面用户所能获得的分集度和编码增益。

第 5 章星地融合认知网络协同安全传输方法。针对存在窃听用户的星地融合认知网络，从提升主卫星用户安全性角度出发，研究了在保证主卫星用户干扰阈值约束条件下，通过地面基站波束形成设计，在保证次级地面用户传输速率最大化条件下充分利用主次网络间干扰提升主卫星用户安全传输性能。具体地，针对已知主次网络间干扰链路不准确和统计链路信道状态信息，分别提出了混合和部分发射迫零次优波束形成方案。基于所提出的方案设计，通过推导出主卫星用户安全中断概率和遍历安全容量的解析表达式来分析其安全性能的提升。

第 6 章星地融合认知网络协同资源优化方法。针对窃听威胁下星地融合网络认知网络中的协同资源优化问题，提出了波束形成和人工噪声联合优化方案。优化问题的目标函数是卫星和多个地面基站的总发射最小化，约束条件为卫星主用户的安全速率受限以及次级地面用户的信干噪比满足要求。当网络中节点的信道状态信息完全已知时，提出一种低复杂度次优的迫零波束形成方案，并基于迭代搜索的半正定松弛法来求解优化问题。同时，利用添加人工噪声波束形成方案可以提高空间自由度的方案来对抗窃听者，提高方案的可行性。最后，计算机仿真结果证明了所提波束形成方案的可行性和优越性。

第2章
星地融合认知网络干扰性能分析

2.1 引 言

基于卫星覆盖区域内的中继站对卫星信号进行转发的协同中继传输方案是星地融合网络架构下保证信息可靠传输的有效手段。该网络架构能够很好地解决卫星与用户之间不存在直达链路的问题，尤其是在高楼林立的城市中心以及室内覆盖不佳的情况[9]。近年来，国内外学者逐渐开始研究将协作分集思想应用在卫星移动通信系统中，主要研究内容集中在分析协作分集传输技术对卫星移动通信中断概率较高和频谱利用率较低等缺点的改善提高方面[88]。未来卫星通信网络用户数量以及用户分布密度将显著增加，从对抗阴影效应、路径损耗、信道衰落的角度出发，协同传输技术能够有效地提升卫星通信链路的有效性和可靠性。卫星通信利用地面辅助基站作为中继来发射信号，在大幅提高通信系统容量、扩大无线覆盖范围和提升系统服务质量的同时，显著地降低无线传输环境下的路径损耗，有效地保障卫星波束覆盖边缘用户的服务质量。基于地面中继辅助的星地融合协同传输网络主要存在三种典型的应用环境：城市环境下卫星与终端之间几乎不存在 LOS 链路，信息传输主要依靠地面中继站来完成；郊区和乡村环境下终端同时接收到来自通信卫星和地面中继站的信号；偏远地区因不存在中继站，信息传输只能依靠卫星通信来完成。

地面中继辅助节点的加入能够能有效提升混合网络性能，但是为了提高频谱利用率，地面蜂窝系统与卫星通信系统使用相同频率时，就必须要考虑地面中继和目标用户受到其他小区的同频干扰[89]。因此，在星地混合中继网络中，信号在传输过程中除了受到加性高斯白噪声和多径衰落影响外，同频干扰对系统性能的影响也是一个必须关注的重点[90]。尤其是在地面网络小区密集化程度以及频率复用程度的加剧，卫星波束小区的分层重叠覆盖的背景下，地面蜂窝网同频干扰将对卫星用户性能的影响更加显著，特别是在小区的边缘位置[91]。虽然前人的工作已经证明了星地融合协同传输网络的性能优势，但是并没有考虑地面网络同频干扰的影响。因此，需要系统性地分析同频干扰对协作传输架构下卫星用户性能影响，为实际系统设计和部署提供参考和依据。星地融合网络中地面中继和终端用户受到的总干扰功率是由多个地面网络累加而成，且这些地面网络所产生的干扰功率大小分布不均。本章首先建立了多个同频干扰源下星地融合网络协同传输模型，并进一步推导出协同传输信道容量、中断概率、平均误符号率等性能指标；然后通过仿真分析同频干扰对星地融合网络协同传输性能的影响，为传输方案的选择、优化提供指导和依据。本章主要展开以下方面的研究。

（1）针对卫星和地面移动通信系统的电波传播特点以及信道的多样性和复杂性，基于经典文献和 ITU 相关提案中关于卫星移动信道模型的研究成果，建立干扰环境下多天线星地融合放大转发协同传输网络系统模型。

（2）考虑地面中继和卫星用户均受到多个同频干扰的场景，借助于贝塞尔（Bessel）函数、超几何函数、Meijer-G 等特殊函数工具，推导出星地融合网络典型信道环境下系统各性能指标的闭合表达，包括遍历容量、中断概率和平均误符号率等。在高信噪比条件下，进一步推导系统中断概率和平均误符号率的渐进表达式，并基于推导的简化表达式直观刻画协同传输系统所能获得的分集度和阵列增益。

（3）在仿真分析中，首先，通过比较理论曲线与 Monte Carlo 结果吻合度，来验证所推导表达式的正确性。其次，进一步分析同频干扰对星地融合协作传输网络容量、中断概率、平均误符号率等性能指标的影响。最后，通过对高信噪比条件下渐进解的仿真直观分析天线数、卫星信道阴影效应、地面网络干扰信号功率等关键参数与系统分集增益和阵列增益之间的关系。

2.2　系统模型

如图 2-1 所示的星地融合协同传输网络，卫星通过地面中继与目标用户进行通信，其中卫星和用户之间因为较强的阴影效应而不存在 LOS 分量。假设卫星和目标用户分别配置 N_{s} 和 N_{d} 根天线，而针对中继节点尺寸和复杂度限制条件，考虑其只配置单根天线。整个通信过程可分为两个时隙。在第一个时隙，卫星将信号 $x(t)$ 通过发射波束形成权矢量 $\boldsymbol{w}_1 \in \mathbb{C}^{N_{\mathrm{s}}\times 1}$发射到地面中继，同时地面中继受到 I_1 个平均功率为 $\{P_{1,i}\}_{i=1}^{I_1}$ 的同频干扰$\{s_{1,i}(t)\}_{i=1}^{I_1}$。那么地面中继节点接收到的信号为

$$y_r(t) = \sqrt{P_s}\,\boldsymbol{w}_1^{\mathrm{H}}\boldsymbol{h}_1 x(t) + \sum_{i=1}^{I_1}\sqrt{P_{1,i}}\,g_{1,i}s_{1,i}(t) + n_1(t) \tag{2-1}$$

式中，P_s 为卫星的发射功率；$E[|x(t)|^2]=1$，$n_1(t)$ 表示均值为 0、方差为 σ_1^2 的 AWGN；$\boldsymbol{h}_1 \in \mathbb{C}^{N_{\mathrm{s}}\times 1}$为卫星到地面中继节点的信道矢量；$g_{1,i}$ 为第 i 个干扰信号到中继节点的信道衰落系数。

在下一个时隙，地面中继基于 AF 策略，首先，将接收到的卫星信号乘以放大因子 G，即

$$G^2\left(P_s\,\|\boldsymbol{w}_1^{\mathrm{H}}\boldsymbol{h}_1\|_F^2 + \sum_{i=1}^{I_1}P_{1,i}\,|g_{1,i}|^2 + \sigma_1^2\right) = 1 \tag{2-2}$$

然后，将信号转发到目标节点，与此同时，目标节点也受到 I_2 个同频干扰，其平均功率为 $\{P_{2,j}\}_{j=1}^{I_2}$。最后，卫星用户接收到的信号可以表示为

$$y_d(t) = \boldsymbol{w}_2^{\mathrm{H}}\left[\sqrt{P_r}\,G\,\boldsymbol{h}_2 y_r(t) + \sum_{j=1}^{I_2}\sqrt{P_{2,j}}\,\boldsymbol{g}_{2,j}s_{2,j}(t) + \boldsymbol{n}_2(t)\right] \tag{2-3}$$

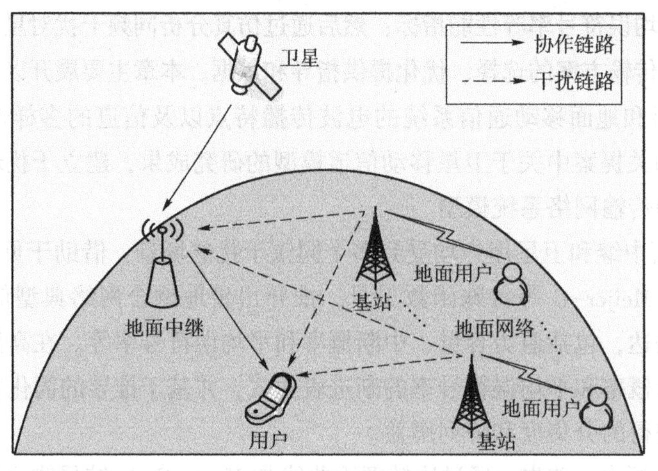

图 2-1　同频干扰下的星地融合协同传输网络

式中，P_r 为中继节点处的发射功率；$\boldsymbol{n}_2(t)$ 为目标节点处的高斯白噪声，且满足$\boldsymbol{n}_2(t)\sim\mathcal{N}_C(\boldsymbol{0},\sigma_2^2\boldsymbol{I}_{N_{\mathrm{d}}})$；$\{s_{2,j}(t)\}_{j=1}^{I_2}$为目标节点接收到的干扰信号，且满足 $E[|s_{2,j}(t)|^2]=1$；$\boldsymbol{w}_2\in\mathbb{C}^{N_{\mathrm{d}}\times 1}$ 为接收波束形成权矢量；$\boldsymbol{h}_2\in\mathbb{C}^{N_{\mathrm{d}}\times 1}$ 为地面中继到用户的信道矢量；$g_{2,j}\in\mathbb{C}^{N_{\mathrm{d}}\times 1}$ 为第 j 个干扰信道到目标节点的信道矢量，且满足$g_{2,j}\sim\mathcal{N}_C(\boldsymbol{0},\ \boldsymbol{I}_{N_{\mathrm{d}}})$。

考虑卫星和中继都已知准确 CSI 的情况，分别在卫星和地面采用最大比发射和最大比合并波束形成方案，即

$$\boldsymbol{w}_1=\frac{\boldsymbol{h}_1}{\|\boldsymbol{h}_1\|_F},\quad \boldsymbol{w}_2=\frac{\boldsymbol{h}_2}{\|\boldsymbol{h}_2\|_F} \tag{2-4}$$

利用式（2-1）~式（2-4），目标用户处的 SINR 可表示为

$$\gamma_d=\frac{\gamma_1\gamma_2}{\gamma_1(\gamma_3+1)+\gamma_2(\gamma_4+1)+(\gamma_3+1)(\gamma_4+1)}=\frac{\Gamma_1\Gamma_2}{\Gamma_1+\Gamma_2+1} \tag{2-5}$$

其中，

$$\Gamma_1=\frac{\gamma_1}{\gamma_3+1}=\frac{\dfrac{P_s\|\boldsymbol{h}_1\|_F^2}{\sigma_1^2}}{\dfrac{\sum_{i=1}^{I_1}P_{1,i}\,|g_{1,i}|^2}{\sigma_1^2}+1}\triangleq\frac{\overline{\gamma}_1\|\boldsymbol{h}_1\|_F^2}{\sum_{i=1}^{I_1}\overline{\gamma}_{3,i}\,|g_{1,i}|^2+1} \tag{2-6}$$

和

$$\Gamma_2=\frac{\gamma_2}{\gamma_4+1}=\frac{\dfrac{P_r\|\boldsymbol{h}_2\|_F^2}{\sigma_2^2}}{\sum_{j=1}^{I_2}P_{2,j}\|\boldsymbol{w}_2^{\mathrm{H}}\boldsymbol{g}_{2,j}\|_F^2/\sigma_2^2+1}\triangleq\frac{\overline{\gamma}_2\|\boldsymbol{h}_2\|_F^2}{\sum_{j=1}^{I_2}\overline{\gamma}_{4,j}\|\boldsymbol{w}_2^{\mathrm{H}}\boldsymbol{g}_{2,j}\|_F^2+1} \tag{2-7}$$

式中，$\overline{\gamma}_1$、$\overline{\gamma}_2$、$\overline{\gamma}_{3,i}$ 和 $\overline{\gamma}_{4,j}$ 分别为各链路的平均信噪比。

2.3　性能分析

本节首先分析在中继和目标用户都受到地面网络其他小区同频干扰的情况下，星地融合协同传输网络遍历容量、中断概率和平均误符号率等性能指标；进一步，在高信噪比情况下，推导系统中断概率和平均误符号率的渐进表达式。

2.3.1　信道统计分布特性

星地融合协同传输网络中同时涉及卫星和地面无线信道。在分析系统关键性能指标之前，首先给出卫星和地面信道的统计特性，这些相关基础理论在后续推导中会具体出现。

2.3.1.1　卫星信道

卫星移动通信信道环境处于不断变化当中，存在直视路径、阴影效应、信号反射、散射产生的多径效应、自由空间损耗、雨衰等因素[92]。目前，针对该频段的卫星移动通信系统，传统的传播特性概率分布有 Loo 模型[93]和 Corazza 模型[94]。

1. Loo 模型

Loo 模型也称部分阴影信道模型，其多径信号分量不受阴影衰落的影响，而只有直射信号分量受到阴影衰落的影响，因此模型中的接收信号可以表示为

$$x(t) = z(t)s(t) + d(t) \tag{2-8}$$

式中，$z(t)$、$s(t)$ 和 $d(t)$ 分别表示 LOS 信号、阴影衰落和多径分量。

具体地，$d(t)$ 满足 Rayleigh 分布，其概率密度函数（Probability Density Function，PDF）的数学表达式为

$$f(x) = \frac{x}{b}\exp\left(-\frac{x^2}{2b}\right) \tag{2-9}$$

式中，b 为多径信号分量的平均功率。

在 Loo 模型中直射信号包络 z 为常数，那么接收信号的包络 r 服从 Rician 分布，其 PDF 可以表示为

$$f(x|z) = \frac{x}{b}\exp\left(-\frac{(x^2+z^2)}{2b}\right)I_0\left(\frac{xz}{b}\right) \tag{2-10}$$

式中，$I_0(\cdot)$ 为贝塞尔（Bessel）函数，而受到阴影衰落下的直射信号分量的包络 z 服从 log-normal 分布，其 PDF 表示为

$$f(z) = \frac{1}{z\sqrt{2\pi\sigma}}\exp\left[-\frac{(\ln z-\mu)}{2\sigma}\right] \tag{2-11}$$

式中，μ 为 $\ln z$ 的均值；σ 为 $\ln z$ 的方差。

根据全概率公式和式（2-9）~式（2-11）得到 Loo 模型中接收信号包络 r 的 PDF 为

$$f(z) = \int_0^\infty f(x|z)f(z)\mathrm{d}z = \frac{x}{b\sqrt{2\pi\sigma}}\int_0^\infty \frac{1}{z}\exp\left[-\frac{(\ln z-\mu)^2}{2\sigma}-\frac{(x^2+z^2)}{2b}\right]I_0\left(\frac{xz}{b}\right)\mathrm{d}z \quad (2-12)$$

2. Corazza 模型

Corazza 模型也称全阴影信道模型，其直射信号和多径信号分量都受到阴影衰落的影响，因此能够用于绝大部分卫星移动通信中的信道环境。接收信号可表示为

$$x(t) = [(z(t) + d(t))]s(t) = R(t)s(t) \quad (2-13)$$

式中，$R(t)$ 为直射信号分量 $z(t)$ 与多径信号分量 $d(t)$ 之和，且服从 Rician 分布；$s(t)$ 为阴影衰落。

在阴影衰落的包络 s 为常数的情况下，接收信号的 PDF 可表示为

$$f(x/s) = \frac{x}{s^2\sigma^2}\exp\left(-\frac{x}{2s^2\sigma^2}-\frac{z^2}{2\sigma^2}\right)I_0\left(\frac{xz}{s\sigma^2}\right) \quad (2-14)$$

式中，z 为直射信号分量的包络；σ^2 为多径信号分量的平均功率。

若令接收信号的总功率为 $z^2+2\sigma^2=1$，并定义 Rician 因子 $k=z^2/(2\sigma^2)$。Corazza 模型中阴影衰落的包络 s 服从 lognormal 分布，接收信号包络 r 的 PDF 为

$$f(s) = \frac{1}{2\pi hs\sigma_s}\exp\left[-\frac{(\ln s-\mu)^2}{2(h\sigma_s)^2}\right] \quad (2-15)$$

式中，$h=(\ln 10)/20$；μ 为 $\ln s$ 的均值；σ_s 为 $\ln s$ 的标准差。

从而根据全概率公式以及式（2-13）~式（2-15），接收信号包络 r 的 PDF 可表示为

$$f(x) = \frac{2(k+1)x}{h\sigma_s\sqrt{2\pi}}\exp(-k)\int_0^\infty \frac{1}{s^3}\exp\left(-\frac{(\ln s-\mu)^2}{2(h\sigma_s)^2}-\frac{(k+1)x^2}{s^2}\right) \cdot I_0\left(\frac{2x\sqrt{k(k+1)}}{s}\right)\mathrm{d}s \quad (2-16)$$

式中，$I_v(\cdot)$ 表示 v 阶修正贝塞尔函数[96]。

3. Shadowed-Rician 模型

在现有文献中，卫星链路通常被建模为复合信道模型，进而更加精确地拟合信号的包络和相位波动。尽管许多经典模型，如 Loo 和 Corazza 模型已经被广泛采用。但是，这些统计信道模型具有一定的局限性，其信道衰落的统计分布表达式极其复杂。因此，由于存在较高的数学复杂度，造成系统的容量、中断概率和误符号率的理论推导十分困难。为了进一步得到更加简化的移动卫星信道模型，文献［95］提出了一种复杂度低且计算精度高的卫星信道模型，即 Shadowed-Rician 统计分布模型。该统计分布模型在现有成果的基础上进行改进，所得到概率密度函数的不仅闭式表达式更加简化，而且计算复杂度更低。根据实测数据，满足 Shadowed-Rician 分布的卫星信道衰落系数可以表示为

$$h = A\exp(\mathrm{j}\psi) + Z\exp(\mathrm{j}\zeta) \quad (2-17)$$

式中，ψ 为满足$[0,2\pi)$均匀分布的相位矢量；ζ 为 LOS 分量的定值相位分量。

此外，A 和 Z 为散射和直达径分量的幅度，分别满足独立静态随机的瑞利和 Nakagami 分布。结合各分量的统计分布，式（2-17）中满足 Shadowed-Rician 分布的随机变量的概率密度函数表达式为

$$f_{|h|^2}(x) = \alpha\exp(-\beta x)\,{}_1F_1(m;1;\delta x) \tag{2-18}$$

式中，信道分布参数 α、β 和 δ 分别为

$$\begin{cases}\alpha = \dfrac{(2bm)^m}{2b\,(2bm+\Omega)^m}\\ \beta = \dfrac{1}{2b}\\ \delta = \dfrac{\Omega}{2b(2bm+\Omega)}\end{cases} \tag{2-19}$$

式中，Ω 为 LOS 分量的平均功率；$2b$ 为多径分量的平均功率；$m\in(0,\infty)$ 为 LOS 分量对应的信道衰落参数；${}_1F_1(\cdot;\cdot;\cdot)$，表示合流超几何函数[96]。

这里假设卫星到地面中继链路的信道矢量 $\boldsymbol{h}_1$ 中各分量服从独立同分布（Independent and Identically Distributed，i. i. d）的 Shadowed-Rician 分布，即 $\boldsymbol{h}_1=\overline{\boldsymbol{h}}_1+\tilde{\boldsymbol{h}}_1$，式中：$\overline{\boldsymbol{h}}_1$ 表示 LOS 分量，$\tilde{\boldsymbol{h}}_1$ 表示散射分量。信道矢量 $\boldsymbol{h}_1$ 中的任意元素 $|h_{1,j}|^2$ 的矩生成函数（Moment Generating Function，MGF）可以表示为

$$M_{|h_{1,j}|^2}(s) = E_{|h_{1,j}|^2}\{\exp(-s\,|h_{1,j}|^2)\} = \int_0^\infty \exp(-sx)f_{|h_{1,j}|^2}(x)\,\mathrm{d}x \tag{2-20}$$

将式（2-18）代入式（2-20），并利用文献［96］中的式（7.621.4），可进一步得到

$$M_{|h_{1,j}|^2}(s) = \alpha\frac{(s+\beta)^{m-1}}{(s+\beta-\delta)^{m-1}} = \frac{\alpha}{(s+\beta)_1}F_1\left(m,1;1;\frac{\delta}{(s+\beta)}\right) \tag{2-21}$$

考虑到 $\boldsymbol{h}_1$ 中各分量独立同分布，结合文献［96］中的式（9.121.1），可得

$$F(-n,\beta;\beta;-z) = (1+z)^n \tag{2-22}$$

则可以得到 $\|\boldsymbol{h}_1\|^2$ 的 MGF 表达式为

$$M_{\|h_1\|^2}(s) = \prod_{j=1}^{N_s} M_{|h_{1,j}|^2}(s) = \alpha^{N_s}\frac{(s+\beta)^c}{(s+\beta-\delta)^d}\left(1+\frac{\delta}{s+\beta-\delta}\right)^{\varepsilon} \tag{2-23}$$

从式（2-19）中可知 $\beta\gg\delta$，且 $|s|\geqslant 0$，那么 $|\delta/(s+\beta-\delta)|\ll 1$。由于 $\varepsilon<1$，那么当 $|z|<1$ 时，可以得到 $|(1+z)^n|\approx 1+nz$。

将上述分析结果代入式（2-23），可得

$$M_{\|\boldsymbol{h}_1\|^2}(s) = \alpha^{N_s}\sum_{l=0}^{c}\binom{c}{l}\beta^{c-l}\left(\frac{s^l}{(s+\beta-\delta)^d}+\frac{\varepsilon\delta s^l}{(s+\beta-\delta)^{d+1}}\right) \tag{2-24}$$

通过对式（2-23）的拉普拉斯逆变换，可以得到 $\gamma_1=\overline{\gamma}_1\|\boldsymbol{h}_1\|_F^2$ 的 PDF 和累积分布函数

(Cumulative Distributed Function, CDF) 分别为

$$f_{\gamma_1}(x)=\alpha^N\sum_{l=0}^{c}\binom{c}{l}\beta^{c-l}\left(\frac{x^{d-l-1}}{\overline{\gamma}_1^{d-l}\Gamma(d-l)_1}F_1\left(d;d-l;-\frac{(\beta-\delta)x}{\overline{\gamma}_1}\right)\right.$$
$$\left.+\frac{\varepsilon\delta x^{d-l}}{\overline{\gamma}_1^{d-l+1}\Gamma(d-l+1)_1}F_1\left(d+1;d-l+1;-\frac{(\beta-\delta)x}{\overline{\gamma}_1}\right)\right) \tag{2-25}$$

和

$$F_{\gamma_1}(x)=\alpha^{N_s}\sum_{l=0}^{c}\binom{c}{l}\beta^{c-l}\left(\frac{(\beta-\delta)^{\frac{l-d-1}{2}}}{\overline{\gamma}_1^{\frac{d-l-1}{2}}\Gamma(d-l+1)}x^{\frac{d-l-1}{2}}\exp\left(-\frac{\beta-\delta}{2\overline{\gamma}_1}x\right)M_{\frac{d+l-1}{2},\frac{d-l}{2}}\left(\frac{\beta-\delta}{\overline{\gamma}_1}xz\right)\right.$$
$$\left.+\frac{\varepsilon\delta\,(\beta-\delta)^{\frac{l-d}{2}}}{\overline{\gamma}_1^{\frac{d-l}{2}}\Gamma(d-l+2)}x^{\frac{d-l}{2}}\exp\left(-\frac{\beta-\delta}{2\overline{\gamma}_1}x\right)M_{\frac{d+l}{2},\frac{d-l+1}{2}}\left(\frac{\beta-\delta}{\overline{\gamma}_1}xz\right)\right) \tag{2-26}$$

式中，信道分布参数 α、β 和 δ 在式 (2-19) 中已经给出，其他参数可表示为

$$\begin{cases}c=(d-N)^+\\ \varepsilon=mN-d\\ d=\max\{N,\lfloor mN\rfloor\}\end{cases} \tag{2-27}$$

式中，$\lfloor z\rfloor$ 为不超过 z 的最大整数；$(z)^+$ 表示如果 $z<0$，则 $z=0$。

2.3.1.2 地面信道

信号在地面无线信道受到反射、散射等影响，到达接收端的信号为多径传播的累加。假设中继到用户链路服从 Rayleigh 分布，那么 $\gamma_2=\overline{\gamma}_2\,\|\boldsymbol{h}_2\|_F^2$ 的概率密度函数和累积分布函数分别为[97]

$$f_{\gamma_2}(x)=\frac{x^{N_d-1}}{(N_d-1)!\ \overline{\gamma}_2^{N_d}}\exp\left(\frac{x}{\overline{\gamma}_2}\right) \tag{2-28}$$

和

$$F_{\gamma_2}(x)=1-\exp\left(\frac{x}{\overline{\gamma}_2}\right)\sum_{i=0}^{N_d-1}\frac{1}{i!}\left(\frac{x}{\overline{\gamma}_2}\right)^i \tag{2-29}$$

进一步，中继节点接收到的多个同频干扰累加和项 $\gamma_3=\sum_{i=1}^{I_1}\overline{\gamma}_{3,i}\,|g_{1,i}|^2$ 的概率密度函数为[98]

$$f_{\gamma_3}(x)=\sum_{i=1}^{I_1}\frac{\rho_i}{\overline{\gamma}_{3,i}}\exp\left(-\frac{x}{\overline{\gamma}_{3,i}}\right) \tag{2-30}$$

其中，

$$\rho_i=\left[\prod_{k=1,k\neq i}^{I_1}\frac{1}{(1+s\overline{\gamma}_{3,k})}\right]\Bigg|_{s=-\overline{\gamma}_{3,i}^{-1}} \tag{2-31}$$

根据文献 [99] 中的结果，$g_{2,j}$ 为服从复高斯分布的随机变量。那么，定义变量 $f_j = \boldsymbol{w}_2^{\mathrm{H}} \boldsymbol{g}_{2,j}$，显然 $\{f_j\}_{j=1}^{I_2}$ 也服从 Rayleigh 分布。因此，目标节点接收到的干扰信号累加和项 $\gamma_4 = \sum_{j=1}^{I_2} \overline{\gamma}_{4,j} |f_j|^2$ 的概率密度函数可表示为[100]

$$f_{\gamma_4}(x) = \sum_{j=1}^{I_2} \frac{\omega_j}{\overline{\gamma}_{4,j}} \exp\left(-\frac{x}{\overline{\gamma}_{4,j}}\right) \tag{2-32}$$

其中，

$$\omega_j = \left[\prod_{k=1,k\neq j}^{I_2} \frac{1}{(1+s\overline{\gamma}_{4,k})}\right]\Bigg|_{s=-\overline{\gamma}_{4,j}^{-1}} \tag{2-33}$$

2.3.2 遍历容量

根据信息论原理，遍历容量定义为信源节点和目标节点之间的最大平均互信息量，即[101]

$$C_{\mathrm{erg}} = \frac{1}{2}\mathrm{E}[\log_2(1+\gamma_d)] \tag{2-34}$$

式中，系数 1/2 表示整个通信过程分两个时隙完成。

将式（2-7）代入式（2-34）并利用对数函数的变换性质，可得

$$\begin{aligned} C_{\mathrm{erg}} &= \frac{1}{2}\mathrm{E}\left[\log_2\left(\frac{(1+\Gamma_1)(1+\Gamma_2)}{\Gamma_1+\Gamma_2+1}\right)\right] \\ &= \frac{1}{2}\sum_{i=1}^{2}\mathrm{E}[\log_2(1+\Gamma_i)] - \frac{1}{2}\mathrm{E}[\log_2(1+\Gamma_3)] = \sum_{i=1}^{2} C_i - C_3 \end{aligned} \tag{2-35}$$

式中，$\Gamma_3 = \Gamma_1 + \Gamma_2$，$C_i = (1/2)\mathrm{E}[\log_2(1+\Gamma_i)](i=1,2,3)$。

下面分别推导式（2-35）中 $C_i(i=1,2)$ 和 C_3 的结果。

定理 2.1 式（2-35）中 C_1 和 C_2 的闭合表达式可以分别表示为

$$\begin{aligned} C_1 = \frac{\alpha^{N_s}}{2\ln 2}\sum_{l=0}^{c}\binom{c}{l}\beta^{c-l}\sum_{i=1}^{I_1}\rho_i\Bigg(&\frac{\overline{\gamma}_{3,i}^{d-l}}{\overline{\gamma}_1^{d-l}\Gamma(d)} G_{4,4}^{3,3}\left[\frac{(\beta-\delta)\overline{\gamma}_{3,i}}{\overline{\gamma}_1}\middle|\begin{matrix}-d+l,1-d,-d+l,1-d+l\\0,-d+l,-d+l,1-d+l\end{matrix}\right] \\ &+\frac{\varepsilon\delta\overline{\gamma}_{3,i}^{d-l+1}}{\overline{\gamma}_1^{d-l+1}\Gamma(d+1)} G_{4,4}^{3,3}\left[\frac{(\beta-\delta)\overline{\gamma}_{3,i}}{\overline{\gamma}_1}\middle|\begin{matrix}-d+l-1,-d,-d+l-1,-d+l\\0,-d+l-1,-d+l-1,-d+l\end{matrix}\right]\Bigg) \end{aligned} \tag{2-36}$$

和

$$C_2 = \frac{1}{2\ln 2(N_{\mathrm{d}}-1)!\,\overline{\gamma}_2^{N_{\mathrm{d}}}}\sum_{j=1}^{I_2}\rho_j\overline{\gamma}_{4,j}^{N_{\mathrm{d}}} G_{3,3}^{3,2}\left[\frac{\overline{\gamma}_{4,j}}{\overline{\gamma}_2}\middle|\begin{matrix}-N_{\mathrm{d}},-N_{\mathrm{d}},-N_{\mathrm{d}}+1\\0,-N_{\mathrm{d}},-N_{\mathrm{d}}\end{matrix}\right] \tag{2-37}$$

式中，$G_{p,q}^{m,n}[\cdot|\cdot]$ 表示单变量 Meijer-G 函数[96]。

证明：利用式（2-34）中遍历容量的定义，$C_i(i=1,2)$ 可以表示为关于 Γ_i 概率密度函数的积分形式，即

$$C_i = \frac{1}{2\ln 2}\int_0^\infty \ln(1+x) f_{\Gamma_i}(x)\,\mathrm{d}x \tag{2-38}$$

考虑到同频干扰对系统性能的影响远大于噪声，因此我们省略噪声项，得到近似信干比表达式 $\Gamma_1=\gamma_1/(\gamma_3+1)\approx\gamma_1/\gamma_3$ 和 $\Gamma_2=\gamma_2/(\gamma_4+1)\approx\gamma_2/\gamma_4$。那么，$f_{\Gamma_i}(x)\,(i=1,2)$ 可分别通过下式计算：

$$f_{\Gamma_1}(x) = \int_0^\infty z f_{\gamma_1}(xz) f_{\gamma_3}(z)\,\mathrm{d}z \tag{2-39}$$

$$f_{\Gamma_2}(x) = \int_0^\infty z f_{\gamma_2}(xz) f_{\gamma_4}(z)\,\mathrm{d}z \tag{2-40}$$

首先，将式（2-25）和式（2-30）代入式（2-39），可得到

$$\begin{aligned} f_{\Gamma_1}(x) = {}& \alpha^{N_s}\sum_{l=0}^{c}\binom{c}{l}\beta^{c-l}\sum_{i=1}^{l_1}\frac{\chi_i}{\overline{\gamma}_{1,i}}\left(\frac{x^{d-l-1}}{\overline{\gamma}_1^{d-l}\Gamma(d-l)}\right.\\ &\cdot\underbrace{\int_0^\infty z^{d-l}\exp\left(-\frac{z}{\overline{\gamma}_{1,i}}\right){}_1F_1\left(d;d-l;-\frac{(\beta-\delta)xz}{\overline{\gamma}_1}\right)\mathrm{d}z}_{I_1}\\ &\left.+\frac{\varepsilon\delta x^{d-l}}{\overline{\gamma}_1^{d-l+1}\Gamma(d-l+1)}\underbrace{\int_0^\infty z^{d-l+1}\exp\left(-\frac{z}{\overline{\gamma}_{1,i}}\right){}_1F_1\left(d+1;d-l+1;-\frac{(\beta-\delta)xz}{\overline{\gamma}_1}\right)\mathrm{d}z}_{I_2}\right) \end{aligned} \tag{2-41}$$

为便于接下来的数学推导，首先利用文献［96］中的式（8.455.1），将式（2-41）中的合流超几何函数 ${}_1F_1(d;d-l;-(\beta-\delta)xz/\overline{\gamma}_1)$ 和 ${}_1F_1(d+1;d-l+1;-(\beta-\delta)xz/\overline{\gamma}_1)$ 分别表示成 Meijer-G 函数的形式，即

$${}_1F_1\left(d;d-l;-\frac{(\beta-\delta)xz}{\overline{\gamma}_1}\right)=\frac{\Gamma(d-l)}{\Gamma(d)}G_{1,2}^{1,1}\left[\frac{(\beta-\delta)xz}{\overline{\gamma}_1}\middle|\begin{matrix}1-d\\0,1-d+l\end{matrix}\right] \tag{2-42}$$

和

$${}_1F_1\left(d+1;d-l+1;-\frac{(\beta-\delta)xz}{\overline{\gamma}_1}\right)=\frac{\Gamma(d-l+1)}{\Gamma(d+1)}G_{1,2}^{1,1}\left[\frac{(\beta-\delta)xz}{\overline{\gamma}_1}\middle|\begin{matrix}-d\\0,-d+l\end{matrix}\right] \tag{2-43}$$

并进一步计算出式（2-41）中的积分结果为

$$I_1=\overline{\gamma}_{1,i}^{d-l+1}G_{2,2}^{1,2}\left[\frac{(\beta-\delta)\overline{\gamma}_{3,i}x}{\overline{\gamma}_1}\middle|\begin{matrix}-d+l,1-d\\0,1-d+l\end{matrix}\right] \tag{2-44}$$

和

$$I_2 = \overline{\gamma}_{1,i}^{d-l+2} G_{2,2}^{1,2}\left[\frac{(\beta-\delta)\overline{\gamma}_{3,i}x}{\overline{\gamma}_1}\middle|\begin{matrix}-d+l-1,-d\\0,-d+l\end{matrix}\right] \tag{2-45}$$

在计算积分 I_1 和 I_2 结果时，利用文献［96］中的积分公式（7.815.2），将式（2-44）和式（2-45）代入式（2-41），可以得到 $f_{\Gamma_1}(x)$ 的解析表达式为

$$\begin{aligned} f_{\Gamma_1}(x) = \alpha^{N_s}\sum_{l=0}^{c}\binom{c}{l}\beta^{c-l}\sum_{i=1}^{I_1}\rho_i\Bigg(&\frac{x^{d-l-1}\overline{\gamma}_{3,i}^{d-l}}{\overline{\gamma}_1^{d-l}\Gamma(d)}G_{2,2}^{1,2}\left[\frac{(\beta-\delta)\overline{\gamma}_{3,i}x}{\overline{\gamma}_1}\middle|\begin{matrix}-d+l,1-d\\0,1-d+l\end{matrix}\right]\\ &+\frac{\varepsilon\delta x^{d-l}\overline{\gamma}_{3,i}^{d-l+1}}{\overline{\gamma}_1^{d-l+1}\Gamma(d+1)}G_{2,2}^{1,2}\left[\frac{(\beta-\delta)\overline{\gamma}_{3,i}x}{\overline{\gamma}_1}\middle|\begin{matrix}-d+l-1,-d\\0,-d+l\end{matrix}\right]\Bigg) \end{aligned} \tag{2-46}$$

将式（2-46）代入式（2-38），并利用文献［102］中的式（11）将对数函数 ln(1+x) 表示为 Meijer-G 函数的形式，即

$$\ln(1+x) = G_{2,2}^{1,2}\left[x\middle|\begin{matrix}1,1\\1,0\end{matrix}\right] \tag{2-47}$$

和

$$\begin{aligned} C_1 = \frac{\alpha^{N_s}}{2\ln 2}\sum_{l=0}^{c}\binom{c}{l}\beta^{c-l}\sum_{i=1}^{I_1}\rho_i\Bigg(&\frac{\overline{\gamma}_{3,i}^{d-l}}{\overline{\gamma}_1^{d-l}\Gamma(d)}\\ &\cdot\underbrace{\int_0^\infty x^{d-l-1}G_{2,2}^{1,2}\left[x\middle|\begin{matrix}1,1\\1,0\end{matrix}\right]G_{2,2}^{1,2}\left[\frac{(\beta-\delta)\overline{\gamma}_{3,i}x}{\overline{\gamma}_1}\middle|\begin{matrix}-d+l,1-d\\0,1-d+l\end{matrix}\right]\mathrm{d}x}_{I_3}\\ &+\frac{\varepsilon\delta\overline{\gamma}_{3,i}^{d-l+1}}{\Gamma(d+1)}\underbrace{\int_0^\infty x^{d-l}G_{2,2}^{1,2}\left[x\middle|\begin{matrix}1,1\\1,0\end{matrix}\right]G_{2,2}^{1,2}\left[\frac{(\beta-\delta)\overline{\gamma}_{3,i}x}{\overline{\gamma}_1}\middle|\begin{matrix}-d+l-1,-d\\0,-d+l\end{matrix}\right]\mathrm{d}x}_{I_4} \end{aligned} \tag{2-48}$$

下面利用文献［102］中的积分公式（21），可以分别计算出 I_3 和 I_4 的结果为

$$I_3 = G_{4,4}^{3,3}\left[\frac{(\beta-\delta)\overline{\gamma}_{3,i}}{\overline{\gamma}_1}\middle|\begin{matrix}-d+l,1-d,-d+l,1-d+l\\0,-d+l,-d+l,1-d+l\end{matrix}\right] \tag{2-49}$$

和

$$I_4 = G_{4,4}^{3,3}\left[\frac{(\beta-\delta)\overline{\gamma}_{3,i}}{\overline{\gamma}_1}\middle|\begin{matrix}-d+l-1,-d,-d+l-1,-d+l\\0,-d+l-1,-d+l-1,-d+l\end{matrix}\right] \tag{2-50}$$

至此，将式（2-49）和式（2-50）代入（2-48）可以得到 C_1 的闭合表达式。

类似地，利用式（2-28）、式（2-32）和式（2-40）以及文献［96］中的式（3.351.3），可得

$$f_{\Gamma_2}(x)=\frac{x^{N_{\mathrm{d}}-1}}{(N_{\mathrm{d}}-1)!\ \overline{\gamma}_2^{N_{\mathrm{d}}}}\sum_{j=1}^{I_2}\frac{\omega_j}{\overline{\gamma}_{4,j}}N_{\mathrm{d}}!\left(\frac{x}{\overline{\gamma}_2}+\frac{1}{\overline{\gamma}_{4,j}}\right)^{-N_{\mathrm{d}}-1} \tag{2-51}$$

将式（2-51）代入（2-38）并利用式（2-47），可得

$$C_2=\frac{1}{2\ln 2(N_{\mathrm{d}}-1)!\ \overline{\gamma}_2^{N_{\mathrm{d}}}}\sum_{j=1}^{I_2}\omega_j N_{\mathrm{d}}!\ \overline{\gamma}_{4,j}^{N_{\mathrm{d}}}\cdot\underbrace{\int_0^{\infty}x^{N_{\mathrm{d}}-1}\left(1+\frac{\overline{\gamma}_{4,j}x}{\overline{\gamma}_2}\right)^{-N_{\mathrm{d}}-1}G_{2,2}^{1,2}\left[x\,\middle|\,\begin{matrix}1,1\\1,0\end{matrix}\right]\mathrm{d}x}_{I_5} \tag{2-52}$$

为求解式（2-52）中的积分，首先利用文献［96］中的式（10）将 $(1+\overline{\gamma}_{4,j}x/\overline{\gamma}_2)^{-N_{\mathrm{d}}-1}$ 表示为 Meijer-G 函数的形式，即

$$\left(1+\frac{\overline{\gamma}_{4,j}x}{\overline{\gamma}_2}\right)^{-N_{\mathrm{d}}-1}=\frac{1}{\Gamma(N_{\mathrm{d}}+1)}G_{1,1}^{1,1}\left[\frac{\overline{\gamma}_{4,j}}{\overline{\gamma}_2}x\,\middle|\,\begin{matrix}-N_{\mathrm{d}}\\0\end{matrix}\right] \tag{2-53}$$

利用文献［96］中的积分公式（21），可得

$$I_5=\frac{1}{\Gamma(N_{\mathrm{d}}+1)}G_{3,3}^{3,2}\left[\frac{\overline{\gamma}_{4,j}}{\overline{\gamma}_2}\,\middle|\,\begin{matrix}-N_{\mathrm{d}},-N_{\mathrm{d}},-N_{\mathrm{d}}+1\\0,-N_{\mathrm{d}},-N_{\mathrm{d}}\end{matrix}\right] \tag{2-54}$$

将式（2-54）代入式（2-52），可以最终求得 C_2 的闭合表达式，如（2-37）所示。

不难发现，由于 $\Gamma_3=\Gamma_1+\Gamma_2$ 的概率密度函数难以得到，C_3 的闭合表达式无法利用上述类似的方法推导得到。相应地，采用一种基于矩生成函数的方法来求得 C_3 的结果，即[103]

$$C_3=\frac{1}{\ln 2}\int_0^{\infty}Ei(-s)M_{\Gamma_3}^{(1)}(s)\,\mathrm{d}s \tag{2-55}$$

式中，$Ei(-s)$ 表示指数积分函数[96]；$M_{\Gamma_3}(s)=M_{\Gamma_1}(s)M_{\Gamma_2}(s)$ 表示 Γ_3 的矩生成函数；$M_{\Gamma_3}^{(1)}(s)$ 表示 $M_{\Gamma_3}(s)$ 的一阶导数。

定理 2.2 式（2-35）中 C_3 的闭合表达式可以表示为

$$\begin{aligned}C_3=&\frac{\alpha^{N_{\mathrm{s}}}}{2\ln 2}\sum_{l=0}^{c}\binom{c}{l}\beta^{c-l}\sum_{i=1}^{I_1}\rho_i\sum_{j=1}^{I_2}\frac{\omega_j\overline{\gamma}_{4,j}^{N_{\mathrm{d}}}}{(N_{\mathrm{d}}-1)!\ \overline{\gamma}_2^{N_{\mathrm{d}}}}\left(\frac{\overline{\gamma}_{3,i}^{d-l}}{\Gamma(d)\overline{\gamma}_1^{d-l}}[I(i,j,d,l)+J(i,j,d,l)]\right.\\&\left.+\frac{\varepsilon\delta\overline{\gamma}_{3,i}^{d-l+1}}{\Gamma(d+1)\overline{\gamma}_1^{d-l+1}}[I(i,j,d+1,l)+J(i,j,d+1,l)]\right)\end{aligned} \tag{2-56}$$

其中，

$$I(i,j,d,l)=G^{2,1,1,3,2}_{2,[2:1],1,[3:2]}\left[\begin{array}{c|c}\dfrac{\overline{\gamma}_1}{(\beta-\delta)\overline{\gamma}_{3,i}} & \begin{array}{c}-N_{\mathrm{d}}-d+l,-N_{\mathrm{d}}-d+l\\ 1,d-l,1\\ -d+l-N_{\mathrm{d}}\end{array}\\ \dfrac{\overline{\gamma}_2}{\overline{\gamma}_{4,j}} & 1+d-l,1+d-l,d,N_{\mathrm{d}},N_{\mathrm{d}}+1\end{array}\right] \tag{2-57}$$

和

$$J(i,j,d,l)=G^{2,1,1,3,2}_{2,[2:1],1,[3:2]}\left[\begin{array}{c|c}\dfrac{\overline{\gamma}_1}{(\beta-\delta)\overline{\gamma}_{3,i}} & \begin{array}{c}-N_{\mathrm{d}}-d+l,-N_{\mathrm{d}}-d+l\\ 1,d-l,1\\ -d+l-N_{\mathrm{d}}\end{array}\\ \dfrac{\overline{\gamma}_2}{\overline{\gamma}_{4,j}} & d-l,1+d-l,d,N_{\mathrm{d}}+1,N_{\mathrm{d}}+1\end{array}\right] \tag{2-58}$$

式中，$G^{2,1,1,3,2}_{2,[2:1],1,[3:2]}[\cdot|\cdot]$ 表示双变量 Meijer-G 函数[104]。

证明：根据矩生成函数的定义，$M_{\Gamma_i}(s)\,(i=1,2)$ 可以表示为关于 Γ_i 概率密度函数的积分形式，即

$$M_{\Gamma_i}(s)=\int_0^{\infty}\exp(-sx)f_{\Gamma_i}(x)\,\mathrm{d}x \tag{2-59}$$

将式（2-46）和式（2-51）代入式（2-59）并利用文献［96］中的式（7.815.2），可以得到 Γ_1 和 Γ_2 的矩生成函数分别为

$$M_{\Gamma_1}(s)=\alpha^{N_{\mathrm{s}}}\sum_{l=0}^{c}\binom{c}{l}\beta^{c-l}\sum_{i=1}^{I_1}\rho_i\left(\frac{\overline{\gamma}_{3,i}^{d-l}}{\Gamma(d)\overline{\gamma}_1^{d-l}}\varphi_{1,1}+\frac{\varepsilon\delta\overline{\gamma}_{3,i}^{d-l+1}}{\Gamma(d+1)\overline{\gamma}_1^{d-l+1}}\varphi_{1,2}\right) \tag{2-60}$$

和

$$M_{\Gamma_2}(s)=\frac{1}{(N_{\mathrm{d}}-1)!\;\overline{\gamma}_2^{N_{\mathrm{d}}}}\sum_{j=1}^{I_2}\omega_j\overline{\gamma}_{4,j}^{N_{\mathrm{d}}}\varphi_2 \tag{2-61}$$

其中，

$$\varphi_{1,1}=s^{-d+l}G^{1,3}_{3,2}\left[\frac{(\beta-\delta)\overline{\gamma}_{3,i}}{\overline{\gamma}_1 s}\middle|\begin{array}{c}-d+l+1,-d+l,1-d\\ 0,1-d+l\end{array}\right] \tag{2-62}$$

$$\varphi_{1,2}=s^{-d+l+1}G^{1,3}_{3,2}\left[\frac{(\beta-\delta)\overline{\gamma}_{3,i}}{\overline{\gamma}_1 s}\middle|\begin{array}{c}-d+l,-d+l-1,-d\\ 0,-d+l\end{array}\right] \tag{2-63}$$

$$\varphi_2=s^{-N_{\mathrm{d}}}G^{1,2}_{2,1}\left[\frac{\overline{\gamma}_{4,j}}{\overline{\gamma}_2 s}\middle|\begin{array}{c}-N_{\mathrm{d}}+1,-N_{\mathrm{d}}\\ 0\end{array}\right] \tag{2-64}$$

根据乘积的求导公式 $(ab)^{(1)}=a^{(1)}b+ab^{(1)}$，$M^{(1)}_{\Gamma_3}(s)$ 可以展开为

$$M^{(1)}_{\Gamma_3}(s)=M^{(1)}_{\Gamma_1}(s)M_{\Gamma_2}(s)+M_{\Gamma_1}(s)M^{(1)}_{\Gamma_2}(s) \tag{2-65}$$

下面推导矩生成函数的一阶导数 $M_{\Gamma_i}^{(1)}(i=1,2)$，利用文献［105］中的式（8.2.1.14），可得

$$G_{p,q}^{m,n}\left[x^{-1}\left|\begin{matrix}\boldsymbol{a}_p\\\boldsymbol{b}_q\end{matrix}\right.\right]=G_{q,p}^{n,m}\left[x\left|\begin{matrix}1-\boldsymbol{b}_q\\1-\boldsymbol{a}_p\end{matrix}\right.\right] \tag{2-66}$$

首先将 $\varphi_{1,i}(i=1,\ 2)$ 和 φ_2 改写为

$$\varphi_{1,1}=s^{-d+l}G_{2,3}^{3,1}\left[\frac{\overline{\gamma}_1 s}{(\beta-\delta)\overline{\gamma}_{3,i}}\left|\begin{matrix}1,d-l\\d-l,d-l+1,d\end{matrix}\right.\right] \tag{2-67}$$

$$\varphi_{1,2}=s^{-d+l-1}G_{2,3}^{3,1}\left[\frac{\overline{\gamma}_1 s}{(\beta-\delta)\overline{\gamma}_{3,i}}\left|\begin{matrix}1,1+d-l\\d-l+1,d-l+2,1+d\end{matrix}\right.\right] \tag{2-68}$$

$$\varphi_2=s^{-N_{\mathrm{d}}}G_{1,2}^{2,1}\left[\frac{\overline{\gamma}_2 s}{\overline{\gamma}_{4,j}}\left|\begin{matrix}1\\N_{\mathrm{d}},N_{\mathrm{d}}+1\end{matrix}\right.\right] \tag{2-69}$$

利用文献［105］中的 Meijer-G 函数的求导公式（8.2.1.35），可得

$$\frac{\mathrm{d}}{\mathrm{d}z}\left[z^{-b_1}G_{p,q}^{m,n}\left[z\left|\begin{matrix}\boldsymbol{a}_p\\\boldsymbol{b}_q\end{matrix}\right.\right]\right]=-z^{-1-b_1}G_{p,q}^{m,n}\left[z\left|\begin{matrix}\boldsymbol{a}_p\\b_1+1,b_2,\cdots,b_q\end{matrix}\right.\right],m\geqslant 1 \tag{2-70}$$

可分别得到 $\varphi_{1,i}^{(1)}(i=1,2)$ 和 $\varphi_2^{(1)}$ 的结果分别为

$$\varphi_{1,1}^{(1)}=-s^{-d+l-1}G_{2,3}^{3,1}\left[\frac{\overline{\gamma}_1 s}{(\beta-\delta)\overline{\gamma}_{3,i}}\left|\begin{matrix}1,d-l\\d-l+1,d-l+1,d\end{matrix}\right.\right] \tag{2-71}$$

$$\varphi_{1,2}^{(1)}=-s^{-d+l-2}G_{2,3}^{3,1}\left[\frac{\overline{\gamma}_1 s}{(\beta-\delta)\overline{\gamma}_{3,i}}\left|\begin{matrix}1,1+d-l\\d-l+2,d-l+2,1+d\end{matrix}\right.\right] \tag{2-72}$$

$$\varphi_2^{(1)}=-s^{-N_{\mathrm{d}}-1}G_{1,2}^{2,1}\left[\frac{\overline{\gamma}_2 s}{\overline{\gamma}_{4,j}}\left|\begin{matrix}1\\N_{\mathrm{d}}+1,N_{\mathrm{d}}+1\end{matrix}\right.\right] \tag{2-73}$$

利用上面的结果，可以得到 $M_{\Gamma_i}^{(1)}(i=1,2)$ 的解析表达式分别为

$$M_{\Gamma_1}^{(1)}(s)=-\alpha^{N_s}\sum_{l=0}^{c}\binom{c}{l}\beta^{c-l}\sum_{i=1}^{I_1}\rho_i\left(\frac{\overline{\gamma}_{3,i}^{d-l}}{\Gamma(d)\overline{\gamma}_1^{d-l}}\varphi_{1,1}^{(1)}+\frac{\varepsilon\delta\overline{\gamma}_{3,i}^{d-l+1}}{\Gamma(d+1)\overline{\gamma}_1^{d-l+1}}\varphi_{1,2}^{(1)}\right) \tag{2-74a}$$

和

$$M_{\Gamma_2}^{(1)}(s)=-\frac{1}{(N_{\mathrm{d}}-1)!\ \overline{\gamma}_2^{N_{\mathrm{d}}}}\sum_{j=1}^{I_2}\omega_j\overline{\gamma}_{4,j}^{N_{\mathrm{d}}}\varphi_2^{(1)} \tag{2-74b}$$

进一步，将式（2-60）、式（2-61）和式（2-74）代入式（2-56），可得

$$M_{\Gamma_3}^{(1)}(s)=-\alpha^{N_s}\sum_{l=0}^{c}\binom{c}{l}\beta^{c-l}\sum_{i=1}^{I_1}\rho_i\sum_{j=1}^{I_2}\frac{\omega_j\overline{\gamma}_{4,j}^{N_{\mathrm{d}}}}{(N_{\mathrm{d}}-1)!\ \overline{\gamma}_2^{N_{\mathrm{d}}}}$$

$$\cdot\varphi_2\left(\frac{\overline{\gamma}_{3,i}^{d-l}}{\Gamma(d)\overline{\gamma}_1^{d-l}}\varphi_{1,1}^{(1)}+\frac{\varepsilon\delta\overline{\gamma}_{3,i}^{d-l+1}}{\Gamma(d+1)\overline{\gamma}_1^{d-l+1}}\varphi_{1,2}^{(1)}\right)$$

$$-\alpha^{N_s}\sum_{l=0}^{c}\binom{c}{l}\beta^{c-l}\sum_{i=1}^{I_1}\rho_i\sum_{j=1}^{I_2}\frac{\omega_j\overline{\gamma}_{4,j}^{N_d}}{(N_d-1)!\ \overline{\gamma}_2^{N_d}}$$

$$\cdot\varphi_2^{(1)}\left(\frac{\overline{\gamma}_{3,i}^{d-l}}{\Gamma(d)\overline{\gamma}_1^{d-l}}\varphi_{1,1}+\frac{\varepsilon\delta\overline{\gamma}_{3,i}^{d-l+1}}{\Gamma(d+1)\overline{\gamma}_1^{d-l+1}}\varphi_{1,2}\right)\tag{2-75}$$

将式（2-75）代入式（2-55），可得

$$C_3=-\frac{\alpha^{N_s}}{\ln 2}\sum_{l=0}^{c}\binom{c}{l}\beta^{c-l}\sum_{i=1}^{I_1}\rho_i\sum_{j=1}^{I_2}\frac{\omega_j\overline{\gamma}_{4,j}^{N_d}}{(N_d-1)!\ \overline{\gamma}_2^{N_d}}$$

$$\cdot\left(\frac{\overline{\gamma}_{3,i}^{d-l}}{\Gamma(d)\overline{\gamma}_1^{d-l}}\left[\int_0^{\infty}Ei(-x)\varphi_{1,1}^{(1)}\varphi_2\mathrm{d}x+\int_0^{\infty}Ei(-x)\varphi_{1,1}\varphi_2^{(1)}\mathrm{d}x\right]\right.$$

$$\left.+\frac{\varepsilon\delta\overline{\gamma}_{3,i}^{d-l+1}}{\Gamma(d+1)\overline{\gamma}_1^{d-l+1}}\left[\int_0^{\infty}Ei(-x)\varphi_{1,2}^{(1)}\varphi_2\mathrm{d}x+\int_0^{\infty}Ei(-x)\varphi_{1,2}\varphi_2^{(1)}\mathrm{d}x\right]\right)\tag{2-76}$$

为解决式（2-76）中的复杂积分问题，首先利用文献［105］中的式（8.4.11.1）将 $Ei(-s)$ 表示为 Meijer-G 函数的形式

$$Ei(-s)=-G_{1,2}^{2,0}\left[s\left|\begin{matrix}1\\0,0\end{matrix}\right.\right]\tag{2-77}$$

利用文献［104］中的式（3.1）对三个单变量 Meijer-G 函数乘积进行积分，最终可以得到 C_3 的闭合表达式（2-56）。

2.3.3　中断概率

中断概率定义为信号瞬时输出信噪比 γ 低于某一个特定阈值 γ_{th} 的概率。从数学表达式上来看，中断概率 $P_{out}(\gamma_d)$ 等价于 γ_d 的累积分布函数 $F_{\gamma_d}(\gamma_{th})$，即[99]

$$P_{out}=\Pr(\gamma_d\leqslant\gamma_{th})=F_{\gamma_d}(\gamma_{th})\tag{2-78}$$

因为 γ_d 的累积分布函数 $F_{\gamma_d}(\gamma_{th})$ 无法直接得到闭合解。那么，采用下面的近似下界代替

$$\gamma_d\leqslant\gamma_{up}=\min(\Gamma_1,\Gamma_2)\tag{2-79}$$

基于式（2-79），$F_{\gamma_{up}}(x)$ 可表示为

$$F_{\gamma_{up}}(x)=1-[1-F_{\Gamma_1}(x)][1-F_{\Gamma_2}(x)]\tag{2-80}$$

其中，

$$F_{\Gamma_1}(x)=\int_0^{\infty}F_{\gamma_1}(xz)f_{\gamma_3}(z)\mathrm{d}z\tag{2-81}$$

$$F_{\Gamma_2}(x)=\int_0^{\infty}F_{\gamma_2}(xz)f_{\gamma_4}(z)\mathrm{d}z\tag{2-82}$$

将式（2-26）和式（2-30）代入式（2-81），并利用文献［96］中的式（7.621.2）和文献［102］中的式（10），可以计算得到 Γ_1 的累积分布函数为

$$F_{\Gamma_1}(x)=\alpha^{N_s}\sum_{l=0}^{c}\binom{c}{l}\beta^{c-l}\sum_{i=1}^{I_1}\eta_i\left(\frac{1}{\Gamma(d)}\left(\frac{\overline{\gamma}_{3,i}x}{\overline{\gamma}_1}\right)^{d-l}G_{1,1}^{1,1}\left[\frac{(\beta-\delta)\overline{\gamma}_{3,i}}{\overline{\gamma}_1}x\left|\begin{matrix}1-d\\0\end{matrix}\right.\right]\right.$$
$$\left.+\frac{\varepsilon\delta(\beta-\delta)}{\Gamma(d+1)}\left(\frac{\overline{\gamma}_{3,i}x}{\overline{\gamma}_1}\right)^{d-l+1}G_{1,1}^{1,1}\left[\frac{(\beta-\delta)\overline{\gamma}_{3,i}}{\overline{\gamma}_1}x\left|\begin{matrix}-d\\0\end{matrix}\right.\right]\right) \tag{2-83}$$

类似地，将式（2-29）和式（2-32）代入式（2-82）并利用文献［96］中的式（3.352.3）和文献［102］中的式（10），可以得到 $F_{\Gamma_1}(x)$ 解析表达式为

$$F_{\Gamma_2}(x)=1-\sum_{i=0}^{N_d-1}\frac{1}{i!}\left(\frac{x}{\overline{\gamma}_2}\right)^{i}\sum_{j=1}^{I_2}\rho_j\overline{\gamma}_{4,j}^{i}G_{1,1}^{1,1}\left[\frac{\overline{\gamma}_{4,j}x}{\overline{\gamma}_2}\left|\begin{matrix}-i\\0\end{matrix}\right.\right] \tag{2-84}$$

将式（2-83）和式（2-84）代入式（2-80），可以求得 $F_{\gamma_{up}}(x)$ 的表达式为

$$F_{\gamma_{up}}(x)=1-\sum_{i=0}^{N_d-1}\frac{1}{i!}\left(\frac{x}{\overline{\gamma}_2}\right)^{i}\sum_{j=1}^{I_2}\rho_j\overline{\gamma}_{4,j}^{i}G_{1,1}^{1,1}\left[\frac{\overline{\gamma}_{2,j}x}{\overline{\gamma}_2}\left|\begin{matrix}-i\\0\end{matrix}\right.\right]$$
$$+\alpha^{N}\sum_{l=0}^{c}\binom{c}{l}\beta^{c-l}\sum_{i=1}^{I_1}\eta_i\sum_{i=0}^{N-1}\frac{1}{i!}\left(\frac{x}{\overline{\gamma}_2}\right)^{i}\sum_{j=1}^{I_2}\rho_j\overline{\gamma}_{4,j}^{i}G_{1,1}^{1,1}\left[\frac{\overline{\gamma}_{4,j}x}{\overline{\gamma}_2}\left|\begin{matrix}-i\\0\end{matrix}\right.\right]$$
$$\cdot\left(\frac{1}{\Gamma(d)}\left(\frac{\overline{\gamma}_{3,i}x}{\overline{\gamma}_1}\right)^{d-l}G_{1,1}^{1,1}\left[\frac{(\beta-\delta)\overline{\gamma}_{3,i}}{\overline{\gamma}_1}x\left|\begin{matrix}1-d\\0\end{matrix}\right.\right]\right.$$
$$\left.+\frac{\varepsilon\delta(\beta-\delta)}{\Gamma(d+1)}\left(\frac{\overline{\gamma}_{3,i}x}{\overline{\gamma}_1}\right)^{d-l+1}G_{1,1}^{1,1}\left[\frac{(\beta-\delta)\overline{\gamma}_{3,i}}{\overline{\gamma}_1}x\left|\begin{matrix}-d\\0\end{matrix}\right.\right]\right) \tag{2-85}$$

将式（2-85）中的变量 x 用中断阈值 γ_{th} 替换可以得到系统中断概率的近似下界。

2.3.4 平均误符号率

根据文献［106］，通过利用矩生成函数，系统的平均误符号率可以表示为

$$P_e=\int_0^{\theta}aM_{\gamma_d}\left(\frac{b}{\sin^2\phi}\right)\mathrm{d}\phi \tag{2-86}$$

式中，a、b 和 θ 表示与具体调制方式有关的系数。

根据矩生成函数的定义，$M_{\gamma_d}(x)$ 可以表示为

$$M_{\gamma_d}(s)=\int_0^{\infty}\exp(-sx)f_{\gamma_d}(x)\mathrm{d}x$$
$$=\int_0^{\infty}s\exp(-sx)F_{\gamma_d}(x)\mathrm{d}x\approx\int_0^{\infty}s\exp(-sx)F_{\gamma_{up}}(x)\mathrm{d}x \tag{2-87}$$

将式（2-85）代入式（2-87）可以得到

$$M_{\gamma_d}(s)\approx 1-s\sum_{k=0}^{N_d-1}\frac{1}{k!\ \overline{\gamma}_2^{k}}\sum_{j=1}^{I_2}\rho_j\overline{\gamma}_{4,j}^{k}\underbrace{\int_0^{\infty}x^{k}\exp(-sx)G_{1,1}^{1,1}\left[\frac{\overline{\gamma}_{4,j}x}{\overline{\gamma}_2}\left|\begin{matrix}-k\\0\end{matrix}\right.\right]\mathrm{d}x}_{I_6}$$

$$+ s\alpha^{N_s}\sum_{l=0}^{c}\binom{c}{l}\beta^{c-l}\sum_{i=1}^{I_1}\eta_i\sum_{k=0}^{N_d-1}\frac{1}{k!\,\bar{\gamma}_2^k}\sum_{j=1}^{I_2}\rho_j\bar{\gamma}_{4,j}^k$$

$$\cdot\left(\frac{1}{\Gamma(d)}\left(\frac{\bar{\gamma}_{3,i}}{\bar{\gamma}_1}\right)^{d-l}\underbrace{\int_0^\infty x^{d-l+k}\exp(-sx)G_{1,1}^{1,1}\left[\frac{\bar{\gamma}_{2,j}x}{\bar{\gamma}_2}\middle|\begin{matrix}-k\\0\end{matrix}\right]G_{1,1}^{1,1}\left[\frac{(\beta-\delta)\bar{\gamma}_{3,i}}{\bar{\gamma}_1}x\middle|\begin{matrix}1-d\\0\end{matrix}\right]\mathrm{d}s}_{I_7}\right.$$

$$\left.+\frac{\varepsilon\delta(\beta-\delta)}{\Gamma(d+1)}\left(\frac{\bar{\gamma}_{3,i}}{\bar{\gamma}_1}\right)^{d-l+1}\underbrace{\int_0^\infty x^{d-l+k+1}\exp(-sx)G_{1,1}^{1,1}\left[\frac{\bar{\gamma}_{2,j}x}{\bar{\gamma}_2}\middle|\begin{matrix}-k\\0\end{matrix}\right]G_{1,1}^{1,1}\left[\frac{(\beta-\delta)\bar{\gamma}_{3,i}}{\bar{\gamma}_1}x\middle|\begin{matrix}-d\\0\end{matrix}\right]\mathrm{d}s}_{I_8}\right)$$

(2-88)

利用文献[96]中的式(7.815.2),可以得到积分 I_6 的结果为

$$I_6 = s^{-k-2}G_{2,1}^{1,2}\left[\frac{\bar{\gamma}_{4,j}}{\bar{\gamma}_2 s}\middle|\begin{matrix}-k-1,\ -k\\0\end{matrix}\right] \tag{2-89}$$

为求解积分 I_7 和 I_8，即首先利用文献［102］中的式（11），将指数函数 $\exp(-sx)$ 表示为 Meijer-G 函数的形式，即

$$\exp(-sx) = G_{01}^{1,0}\left[sx\middle|\begin{matrix}-\\0\end{matrix}\right] \tag{2-90}$$

将式（2-90）代入式（2-45）和式（2-49），并利用文献［104］中的式（3.1），可得

$$I_7 = s^{-d+l-k-1}L(i,j,d,l,k) \tag{2-91}$$

和

$$I_8 = s^{-d+l-k-2}L(i,j,d+1,l,k) \tag{2-92}$$

其中，

$$L(i,j,d,l,k) = G_{1,[1:1],0,[1:1]}^{1,1,1,1,1}\left[\begin{matrix}\dfrac{\bar{\gamma}_1}{(\beta-\delta)\bar{\gamma}_{3,i}}\\ \dfrac{\bar{\gamma}_{4,j}}{\bar{\gamma}_2}\end{matrix}\middle|\begin{matrix}d-l+k+1\\-d+1;\ -k\\-;\ -\\0,0\end{matrix}\right] \tag{2-93}$$

将式（2-98）、式（2-91）和式（2-92）代入式（2-88）中，可得到 $M_{\gamma_{up}}(s)$ 的解析表达式为

$$M_{\gamma_d}(s) \approx 1-\sum_{k=0}^{N_d-1}\frac{s^{-k-1}}{k!\,\bar{\gamma}_2^k}\sum_{j=1}^{I_2}\omega_j\bar{\gamma}_{4,j}^k G_{2,1}^{1,2}\left[\frac{\bar{\gamma}_{4,j}}{\bar{\gamma}_2 s}\middle|\begin{matrix}-k-1,\ -k\\0\end{matrix}\right]$$

$$+ s\alpha^{N_s}\sum_{l=0}^{c}\binom{c}{l}\beta^{c-l}\sum_{i=1}^{I_1}\rho_i\sum_{k=0}^{N_d-1}\frac{1}{k!\,\bar{\gamma}_2^k}\sum_{j=1}^{I_2}\omega_j\bar{\gamma}_{4,j}^k\left(\frac{s^{-d+l-k}}{\Gamma(d)}\left(\frac{\bar{\gamma}_{3,i}}{\bar{\gamma}_1}\right)^{d-l}L(i,j,d,l,k)\mathrm{d}s\right.$$

$$+\frac{\varepsilon\delta(\beta-\delta)s^{-d+l-k-1}}{\Gamma(d+1)}\left(\frac{\overline{\gamma}_{3,i}}{\overline{\gamma}_1}\right)^{d-l+1}L(i,j,d+1,l,k)\Bigg) \tag{2-94}$$

基于式（2-94），我们分别推导常用三种调制方式，即 M 进制脉冲幅度调制（M-ary Pulse Amplitude Modulation，M-PAM）、M 进制相移键控（M-ary Phase Shift Keying，M-PSK）和 M 进制正交幅度调制（M-ary Quadrature Amplitude Modulation，M-QAM）下星地融合网络平均误符号率的解析表达式

2.3.4.1 M-PAM 调制方式下的平均误符号率

根据文献［106］，M-PAM 调制方式下的平均误符号率可表示为

$$P_{M\text{-PAM}}\approx 2\left(\frac{M-1}{\pi M}\right)\int_0^{\pi/2}M_{\gamma_d}\left(\frac{3}{(M^2-1)\sin^2\phi}\right)\mathrm{d}\phi \tag{2-95}$$

尽管将式（2-94）代入式（2-95）可以求解系统 ASER，但它需要通过复杂的数值积分方案来求解。

为解决这个问题，采用一种准确度较高的近似公式作为替代。利用文献［107］中的式（3）和式（14），可得

$$\frac{1}{\pi}\int_0^{\pi/2}M_{\gamma_d}\left(\frac{3}{(M^2-1)\sin^2\phi}\right)\mathrm{d}\phi\approx\frac{1}{12}M_{\gamma_d}\left(\frac{3}{M^2-1}\right)+\frac{1}{4}M_{\gamma_d}\left(\frac{4}{M^2-1}\right) \tag{2-96}$$

将式（2-94）代入式（2-96），可以求解得到 M-PAM 调制方式下系统 ASER 的近似表达式为

$$P_{M\text{-PAM}}\approx\frac{2(M-1)}{M}\left[\frac{1}{12}M_{\gamma_d}\left(\frac{3}{M^2-1}\right)+\frac{1}{4}M_{\gamma_d}\left(\frac{4}{M^2-1}\right)\right] \tag{2-97}$$

2.3.4.2 M-PSK 调制方式下的平均误符号率

根据文献［106］，M-PSK 调制方式下系统的 ASER 可以表示为

$$P_{M\text{-PSK}}=\frac{1}{\pi}\int_0^{(M-1)\pi/M}M_{\gamma_d}\left(\frac{\sin^2(\pi/M)}{\sin^2\phi}\right)\mathrm{d}\phi \tag{2-98}$$

类似地，式（2-98）无法得到直接的解析表达式，而只能通过数值积分求解。因此，首先将式（2-98）拆分为下面两个部分：

$$P_{M\text{-PSK}}\approx\underbrace{\frac{1}{\pi}\int_0^{\pi/2}M_{\gamma_d}\left(\frac{\sin^2(\pi/M)}{\sin^2\phi}\right)\mathrm{d}\phi}_{L_1}+\underbrace{\frac{1}{\pi}\int_{\pi/2}^{(M-1)\pi/M}M_{\gamma_d}\left(\frac{\sin^2(\pi/M)}{\sin^2\phi}\right)\mathrm{d}\phi}_{L_2} \tag{2-99}$$

利用 2.3.4.1 节类似的方法，可以得到 L_1 以及 L_2 的结果分别为

$$L_1=\frac{1}{\pi}\int_0^{\pi/2}M_{\gamma_d}\left(\frac{\sin^2(\pi/M)}{\sin^2\phi}\right)\mathrm{d}\phi\approx\frac{1}{12}M_{\gamma_d}\left(\sin^2\left(\frac{\pi}{M}\right)\right)+\frac{1}{4}M_{\gamma_d}\left(\frac{4}{3}\sin^2\left(\frac{\pi}{M}\right)\right) \tag{2-100}$$

和

$$L_2 \approx \left(\frac{(M-1)}{2M} - \frac{1}{4}\right)\left(M_{\gamma_d}\left(\sin^2\left(\frac{\pi}{M}\right)\right) + M_{\gamma_d}\left(\frac{\sin^2(\pi/M)}{\sin^2((M-1)\pi/M)}\right)\right) \tag{2-101}$$

将式（2-100）和式（2-101）代入式（2-99）中并求和，可得到 $P_{M\text{-PSK}}$ 的近似表达式为

$$\begin{aligned} P_{M\text{-PSK}} \approx & \left(\frac{M-1}{2M} - \frac{1}{6}\right) M_{\gamma_d}\left(\sin^2\left(\frac{\pi}{M}\right)\right) \\ & + \frac{1}{4} M_{\gamma_d}\left(\frac{4}{3}\sin^2\left(\frac{\pi}{M}\right)\right) + \left(\frac{M-1}{2M} - \frac{1}{4}\right) M_{\gamma_d}\left(\frac{\sin^2(\pi/M)}{\sin^2((M-1)\pi/M)}\right) \end{aligned} \tag{2-102}$$

2.3.4.3 *M*-QAM 调制方式下的平均误符号率

M-QAM 调制方式可以看作是两个独立 $\sqrt{M}$ -PAM 信号，ASER 可以表示为[106]

$$\begin{aligned} P_{M\text{-QAM}} &= \frac{4}{\pi}\left(1 - \frac{1}{\sqrt{M}}\right)\int_0^{\pi/2} M_{\gamma_d}\left(\frac{3}{(M-1)\sin^2\phi}\right)\mathrm{d}\phi \\ &\quad - \frac{4}{\pi}\left(1 - \frac{1}{\sqrt{M}}\right)^2\int_0^{\pi/4} M_{\gamma_d}\left(\frac{3}{(M-1)\sin^2\phi}\right)\mathrm{d}\phi \\ &= \underbrace{\frac{4}{\pi}\left(\frac{1}{\sqrt{M}} - \frac{1}{M}\right)\int_0^{\pi/2} M_{\gamma_d}\left(\frac{3}{(M-1)\sin^2\phi}\right)\mathrm{d}\phi}_{L_3} \\ &\quad + \underbrace{\frac{4}{\pi}\left(1 - \frac{1}{\sqrt{M}}\right)^2\int_{\pi/4}^{\pi/2} M_{\gamma_d}\left(\frac{3}{(M-1)\sin^2\phi}\right)\mathrm{d}\phi}_{L_4} \end{aligned} \tag{2-103}$$

利用类似式（2-100）和式（2-101）的推导方法，可得 L_3 和 L_4 的积分结果为

$$L_3 \approx \left(\frac{1}{\sqrt{M}} - \frac{1}{M}\right)\left(\frac{1}{3} M_{\gamma_d}\left(\frac{3}{M-1}\right) + M_{\gamma_d}\left(\frac{4}{M-1}\right)\right) \tag{2-104}$$

$$L_4 \approx \frac{1}{2}\left(1 - \frac{1}{\sqrt{M}}\right)^2\left(M_{\gamma_d}\left(\frac{6}{M-1}\right) - M_{\gamma_d}\left(\frac{3}{M-1}\right)\right) \tag{2-105}$$

将式（2-104）和式（2-105）代入式（2-103）中并求和，可得 $P_{M\text{-QAM}}$ 的近似表达式为

$$\begin{aligned} P_{M\text{-QAM}} \approx & \left(\frac{1}{\sqrt{M}} - \frac{1}{M}\right)\left(\frac{1}{3} M_{\gamma_d}\left(\frac{3}{M-1}\right) + M_{\gamma_d}\left(\frac{4}{M-1}\right)\right) \\ & + \frac{1}{2}\left(1 - \frac{1}{\sqrt{M}}\right)^2\left(M_{\gamma_d}\left(\frac{6}{M-1}\right) - M_{\gamma_d}\left(\frac{3}{M-1}\right)\right) \end{aligned} \tag{2-106}$$

2.3.5 高信噪比渐进分析

尽管我们已经推导出干扰环境下星地融合协同传输网络中断概率和平均误符号率的解析表达式，然而很难直观的评估系统的分集度和阵列增益。因此，本节重点分析高信噪比情况下星地融合网络中断概率和平均误符号率的渐进表达式。

利用文献［108］中的式（9.303），可得 Meijer-G 函数的级数展开式为

$$G_{p,q}^{m,n}\left[x\left|\begin{matrix}a_1,\cdots,a_p\\b_1,\cdots,b_q\end{matrix}\right.\right]=\sum_{h=1}^{m}\frac{\prod\limits_{j=1,j\neq h}^{m}\Gamma(b_j-b_h)\prod\limits_{j=1}^{n}\Gamma(1-b_h-a_j)}{\prod\limits_{j=m+1}^{q}\Gamma(1+b_h-b_j)\prod\limits_{j=n+1}^{p}\Gamma(a_j-b_h)}x^{b_h}$$
$$\cdot {}_pF_q(1+b_h-a_1,\cdots,1+b_h-a_p;1+b_h-b_1,\cdots,1+b_h-b_q;(-1)^{p-m-n}x)$$

(2-107)

根据文献［109］中的结论，当 $x\to0$，有

$${}_pF_q(a_1,\cdots,a_p;b_1,\cdots,b_q;x)\to1 \tag{2-108}$$

将式（2-107）和式（2-108）代入式（2-83），可得 $F_{\Gamma_1}^{\infty}(x)$ 的表达式为

$$F_{\Gamma_1}^{\infty}(x)=\alpha^{N_s}\sum_{l=0}^{c}\binom{c}{l}\beta^{c-l}\sum_{i=1}^{I_1}\eta_i\left(\frac{\overline{\gamma}_{3,i}x}{\overline{\gamma}_1}\right)^{d-l} \tag{2-109}$$

在高信噪比条件下，$F_{\Gamma_1}^{\infty}(x)$ 的渐进解主要由 $\overline{\gamma}_1$ 的最低阶数决定。因此，令式（2-109）中的 $l=c$，可以进一步得到

$$F_{\Gamma_1}^{\infty}(x)=\alpha^{N_s}\sum_{i=1}^{I_1}\rho_i\left(\frac{\overline{\gamma}_{3,i}x}{\overline{\gamma}_1}\right)^{N_s}+O(x^{N_s+1}) \tag{2-110}$$

对于 $F_{\Gamma_2}^{\infty}(x)$，利用指数函数的 Maclaurin 级数展开式，可得

$$F_{\gamma_2}^{\infty}(x)=\frac{1}{N_d!}\left(\frac{x}{\overline{\gamma}_2}\right)^{N_d}+O(x^{N_d+1}) \tag{2-111}$$

将式（2-111）和式（2-32）代入式（2-82），并利用文献［96］中的积分公式（3.351.3），可以得到 Γ_2 的累积分布函数在高信噪比情况下的渐进解为

$$F_{\Gamma_2}^{\infty}(x)=\frac{1}{\overline{\gamma}_2^{N_d}}\sum_{j=1}^{I_2}\omega_j\overline{\gamma}_{4,j}^{N_d}x^{N_d}+O(x^{N_d+1}) \tag{2-112}$$

将式（2-110）和式（2-112）代入式（2-80），最终得到 $F_{\gamma_{up}}^{\infty}(x)$ 的表达式为

$$F_{\gamma_{up}}^{\infty}(x)=\begin{cases}\alpha^{N_s}\sum\limits_{i=1}^{I_1}\rho_i\left(\dfrac{\overline{\gamma}_{3,i}}{\overline{\gamma}_1}\right)^{N_s}x^{N_s}, & N_s<N_d\\ \left[\alpha^{N_{eq}}\sum\limits_{i=1}^{I_1}\rho_i\left(\dfrac{\overline{\gamma}_{3,i}}{\overline{\gamma}_1}\right)^{N_{eq}}+\sum\limits_{j=1}^{I_2}\omega_j\left(\dfrac{\overline{\gamma}_{4,j}}{\overline{\gamma}_2}\right)^{N_d}\right]x^{N_{eq}}, & N_s=N_d=N_{eq}\\ \sum\limits_{j=1}^{I_2}\omega_j\left(\dfrac{\overline{\gamma}_{4,j}}{\overline{\gamma}_2}\right)^{N_d}, & N_d<N_s\end{cases} \tag{2-113}$$

另外，$\overline{\gamma}_1=\eta_1\overline{\gamma}$ 和 $\overline{\gamma}_2=\eta_2\overline{\gamma}$，将式（2-113）代入式（2-87），可推导出 $M_{\gamma_{up}}^{\infty}(s)$ 的近似表达式为

$$M_{\gamma_{up}}^{\infty}(s)=\begin{cases}\alpha^{N_s}\sum_{i=1}^{I_1}\rho_i\left(\frac{\overline{\gamma}_{3,i}}{\eta_1}\right)^{N_s}\frac{1}{(\overline{\gamma}s)^{N_s}}, & N_s<N_d\\ \left[\alpha^{N_{eq}}\sum_{i=1}^{I_1}\rho_i\left(\frac{\overline{\gamma}_{3,i}}{\eta_1}\right)^{N_{eq}}+\sum_{j=1}^{I_2}\omega_j\left(\frac{\overline{\gamma}_{4,j}}{\eta_2}\right)^{N_{eq}}\right]\frac{1}{(\overline{\gamma}s)^{N_{eq}}}, & N_s=N_d=N_{eq}\\ \sum_{j=1}^{I_2}\omega_j\left(\frac{\overline{\gamma}_{4,j}}{\eta_2}\right)^{N_d}\frac{1}{(\overline{\gamma}s)^{N_d}}, & N_d<N_s\end{cases}$$

(2-114)

根据文献［110］，将式（2-114）代入式（2-86），可以得到高信噪比条件下系统的渐进 ASER 关于分集度 G_d 和阵列增益 G_a 的表达式，即

$$P_s^{\infty}=(G_a\overline{\gamma})^{-G_d}+O(\overline{\gamma}^{-(G_d+1)}) \tag{2-115}$$

其中，分集度 G_d 和阵列增益 G_a 的表达式分别为

$$G_d=\min(N_s,N_d) \tag{2-116}$$

和

$$G_a=\begin{cases}\Xi(a,b,\theta)\alpha^{N_s}\sum_{i=1}^{I_1}\rho_i\left(\frac{\overline{\gamma}_{3,i}}{\eta_1}\right)^{N_s}, & N_s<N_d\\ \Xi(a,b,\theta)\left[\alpha^{N_{eq}}\sum_{i=1}^{I_1}\rho_i\left(\frac{\overline{\gamma}_{3,i}}{\eta_1}\right)^{N_{eq}}+\frac{1}{N_{eq}!\ \eta_2^{N_{eq}}}\right], & N_s=N_d=N_{eq}\\ \Xi(a,b,\theta)\sum_{j=1}^{I_2}\omega_j\left(\frac{\overline{\gamma}_{4,j}}{\eta_2}\right)^{N_d}, & N_d<N_s\end{cases} \tag{2-117}$$

式中，$\Xi(a,b,\theta)$ 由具体的调制方式决定，与平均误符号率的解析表达式类似，可分为下面三种情况。

2.3.5.1　*M*-PAM 调制方式

在 M-PAM 调制方式下，式（2-117）中 $\Xi(a,b,\theta)$ 可表示为

$$\Xi(a,b,\theta)=\frac{2(M-1)/\pi M}{(3/(M^2-1))^{2G_d}}\int_0^{\pi/2}(\sin\phi)^{2G_d}\mathrm{d}\phi \tag{2-118}$$

利用文献［96］中的式（3.621.3）和文献［109］中的式（6.1.49），可得

$$\Xi(a,b,\theta)=\frac{2(M-1)/\pi M}{(3/(M^2-1))^{2G_d}}\frac{\sqrt{\pi}\,\Gamma(G_d+1/2)}{2\Gamma(G_d)} \tag{2-119}$$

2.3.5.2　*M*-PSK 调制方式

对于 M-PSK 调制方式，式（2-117）中 $\Xi(a,b,\theta)$ 可通过下面积分计算得到，即

$$\Xi(a,b,\theta)=\frac{1}{(\sin(\pi/M))^{2G_d}}\int_0^{\pi-\pi/M}(\sin\phi)^{2G_d}\mathrm{d}\phi \tag{2-120}$$

利用2.3.5.1节的方法以及sine函数的对称性和周期性，可得到$\Xi(a,b,\theta)$的表达式为

$$\begin{aligned}\Xi(a,b,\theta) &= \frac{1}{(\sin(\pi/M))^{2N}}\left(\int_0^{\pi/2}(\sin\phi)^{2G_\mathrm{d}}\mathrm{d}\phi + \int_{\pi/M}^{\pi/2}(\sin\phi)^{2G_\mathrm{d}}\mathrm{d}\phi\right)\\ &= \frac{1}{\pi\sin^{2G_\mathrm{d}}(\pi/M)}\left(\frac{\sqrt{\pi}\Gamma(G_\mathrm{d}+1/2)}{2\Gamma(G_\mathrm{d})}\right.\\ &\quad\left.+\cos\left(\frac{\pi}{M}\right){}_2F_1\left(\frac{1}{2},-G_\mathrm{d}-\frac{1}{2};\frac{3}{2};\cos^2\left(\frac{\pi}{M}\right)\right)\right)\end{aligned} \tag{2-121}$$

式中，${}_2F_1(\cdot)$表示高斯超几何函数[96]。

2.3.5.3 *M*-QAM调制方式

类似于*M*-PSK调制方式的推导方法，*M*-QAM调制方式下式（2-117）中$\Xi(a,b,\theta)$的表达式为

$$\begin{aligned}\Xi(a,b,\theta) &= \frac{4}{\pi}\left(\frac{1}{\sqrt{M}}-\frac{1}{M}\right)\left(\frac{M-1}{3}\right)^{2G_\mathrm{d}}\int_0^{\pi/2}(\sin\phi)^{2G_\mathrm{d}}\mathrm{d}\phi\\ &\quad+\frac{4}{\pi}\left(1-\frac{1}{\sqrt{M}}\right)^2\left(\frac{M-1}{3}\right)^{2G_\mathrm{d}}\int_{\pi/4}^{\pi/2}(\sin\phi)^{2G_\mathrm{d}}\mathrm{d}\phi\\ &= \frac{4}{\pi}\left(\frac{1}{\sqrt{M}}-\frac{1}{M}\right)\left(\frac{M-1}{3}\right)^{2G_\mathrm{d}}\frac{\sqrt{\pi}\Gamma(G_\mathrm{d}+1/2)}{2\Gamma(G_\mathrm{d})}\\ &\quad+\frac{4}{\pi}\left(1-\frac{1}{\sqrt{M}}\right)^2\left(\frac{M-1}{3}\right)^{2G_\mathrm{d}}+\frac{\sqrt{2}}{2}{}_2F_1\left(\frac{1}{2},-G_\mathrm{d}-\frac{1}{2};\frac{3}{2};\frac{1}{2}\right)\end{aligned} \tag{2-122}$$

2.4 仿真与分析

本节利用Matlab软件对同频干扰下星地融合协同传输网络进行蒙特卡罗（Monte Carlo）仿真，以验证各性能指标理论推导结果的正确性，同时定量分析不同参数对系统遍历容量、中断概率、平均误符号率以及高信噪比时分集度和阵列增益性能的影响。在仿真验证中，考虑卫星-中继链路服从Shadowed-Rician分布，且根据阴影程度的不同，卫星信道衰落场景可分为深度阴影衰落（Frequent Heavy Shadowing，FHS）、中度阴影衰落（Average Shadowing，AS）和轻度阴影衰落（Infrequent Light Shadowing，ILS），相对应的信道参数如表2-1所示。此外，假设中继到目标用户链路服从Rayleigh分布，为不失一般性，我们考虑$\eta_1=\eta_2=1$，即$\bar{\gamma}_1=\bar{\gamma}_2=\bar{\gamma}$，并且中继节点和目标节点处地面网络干扰信号的总功率相同，即$\sum_{i=1}^{I_1}\bar{\gamma}_{3,i}=\sum_{j=1}^{I_2}\bar{\gamma}_{4,j}=\bar{\gamma}_{\mathrm{tot}}$。同时，$(N_\mathrm{s},N_\mathrm{d})$表示卫星和目标用户的天线配置数。

表 2-1　卫星信道参数

阴影衰落程度	b	m	Ω
深度阴影	0.063	0.739	8.97×10^{-4}
中度阴影	0.126	10.1	0.835
轻度阴影	0.158	19.4	1.29

图 2-2 给出不同天线配置下星地融合协同传输网络遍历容量随 $\overline{\gamma}$ 的变化曲线，其中卫星到地面中继链路信道参数为 AS 场景，且干扰信号数和干扰总功率设为 $I_1=I_2=1$ 和 $\overline{\gamma}_{\text{tot}}=1$ dB。从图 2-2 中可以看出，遍历容量理论值与 Monte Carlo 仿真结果能很好地吻合，证明了所推导理论表达式的正确性。同时，还可以观察到系统遍历容量随着天线数的增多而显著提高。例如，在 $\overline{\gamma}=30$ dB 时，$(N_{\text{s}},N_{\text{d}})=(4,4)$ 天线配置下系统遍历容量比 $(N_{\text{s}},N_{\text{d}})=(2,2)$ 天线配置下提升 1 bit · s^{-1} · Hz^{-1}，证明了在星地融合协作传输网络在发射和接收端配置多天线进行波束形成能够有效提升衰落信道环境下的信道容量。

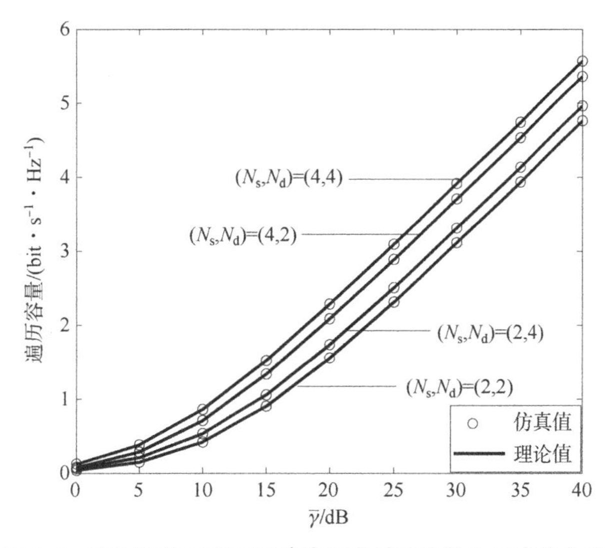

图 2-2　不同天线配置下系统遍历容量随信噪比 $\overline{\gamma}$ 变化曲线

图 2-3 给出了不同干扰功率和卫星信道参数下星地融合协同传输网络遍历容量随 $\overline{\gamma}$ 的变化曲线，其中天线配置为 $(N_{\text{s}},N_{\text{d}})=(4,4)$，干扰信号数和干扰总功率分别设为 $I_1=I_2=2$ 和 $\overline{\gamma}_{\text{tot}}=\{-\infty,1,3\}$ dB，各干扰信号功率比例为 $\overline{\gamma}_{3,1}=2\overline{\gamma}_{3,2}$ 和 $\overline{\gamma}_{4,1}=2\overline{\gamma}_{4,2}$。为对比分析同频干扰对系统性能的影响，图中给出了 $\overline{\gamma}_{\text{tot}}=-\infty$ 表示不考虑同频干扰信号而只存在噪声的场景。从图中可以观察到，相比于只存在噪声的场景，地面网络的同频干扰极大降低了协同传输网络的信道容量，表明地面网络中基站或者用户的存在对星地融合网络目标用户的性能有显著的影响。此外，当同频干扰功率逐渐增大时，系统遍历容量逐渐下降。与此同时，卫星信道参数对于系统的遍历容量也有重要的影响，在 $\overline{\gamma}$ 相同情况下，ILS 场景下对应的遍历容

量值最高，即能够保证协作传输网络系统性能最优的一组信道参数。进一步，随着同频干扰功率的增加，FHS 和 ILS 场景下系统遍历容量差逐渐变小，这表明在干扰功率较强时，卫星信道阴影效应对系统遍历容量影响逐渐减小。

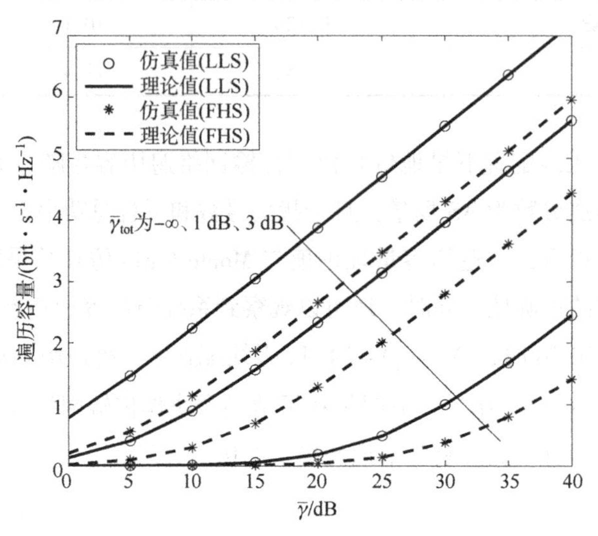

图 2-3　不同干扰功率下系统遍历容量随信噪比 $\overline{\gamma}$ 变化曲线

图 2-4 分析了不同天线配置下系统中断概率的性能。仿真中，参数设置为 $\gamma_{th}=3$ dB，干扰信号数和干扰总功率为 $I_1=I_2=1$ 和 $\overline{\gamma}_{tot}=1$ dB。从图中可以发现，所推导的中断概率下界在整个信噪比范围内都与仿真值非常吻合，尤其是在高信噪比情况下。此外，式（2-113）中得到的中断概率渐进解也在中等信噪比区域就开始与实际值基本吻合。此外，随着天线数量的增加，系统能够获得更多的分集度和阵列增益，中断概率下降的速度更快。从图中高信噪比渐进曲线不难发现，星地融合协同传输网络的分集度等于 $\min(N_s,N_d)$，即由卫星和地面用户处所配置的较少的天线数决定。例如，$(N_s,N_d)=(4,2)$ 和 $(N_s,N_d)=(2,4)$ 天线配置下系统分集度为 2，而 $(N_s,N_d)=(4,4)$ 配置下系统分集度为 4。图 2-5 分析了不同天线配置和调制方式下系统平均误符号率的性能，其中干扰信号数和干扰总功率设为 $I_1=I_2=1$ 和 $\overline{\gamma}_{tot}=1$ dB。从图中可以发现，所推导的平均误符号率的下界随着 $\overline{\gamma}$ 的增加会越来越贴合，而且在高信噪比区域与 Monte Carlo 的结果相重合。另外，与中断概率性能类似的结果，增加天线数能够显著降低系统的平均误符号率。此外，通过比较 $(N_s,N_d)=(2,4)$ 和 $(N_s,N_d)=(4,2)$ 两种天线配置下系统平均误符号率性能，我们还发现在卫星处配置多天线对系统性能的提升要优于在目标用户处配置多天线。这是由于在中继节点处采用放大转发策略后，卫星到中继链路信号被放大，因而对整个协作传输网络性能的影响要更加明显。通过以上分析可以得出结论，当系统所配置总的天线数固定的情况下，将更多的天线配置到卫星节点能获得更大的性能提升。

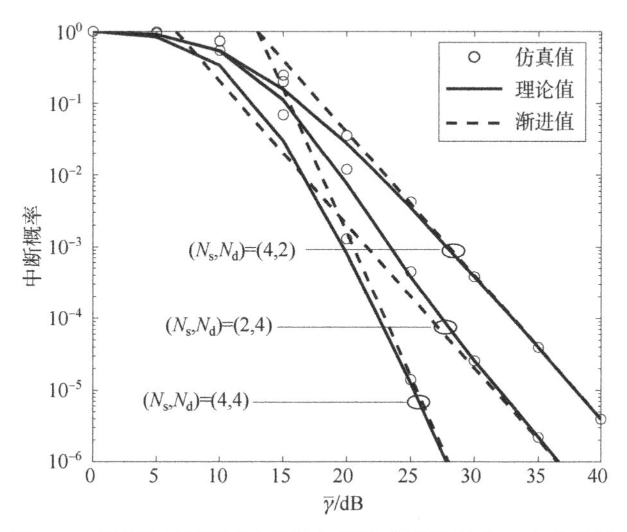

图 2-4　不同天线配置下系统中断概率随信噪比 $\overline{\gamma}$ 变化曲线

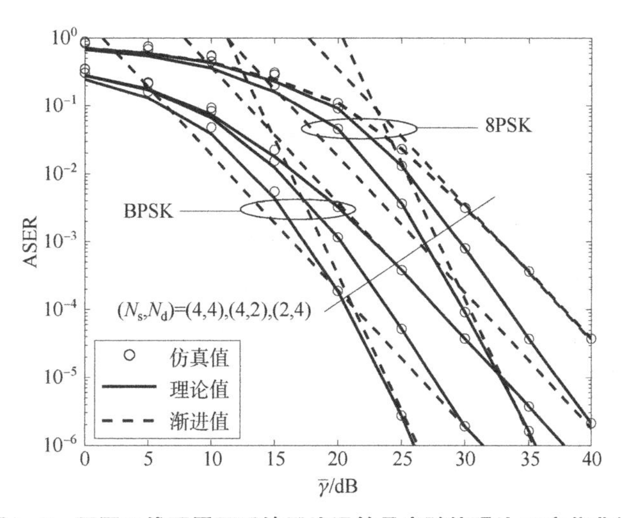

图 2-5　不同天线配置下系统平均误符号率随信噪比 $\overline{\gamma}$ 变化曲线

图 2-6 给出了不同干扰功率和卫星信道参数下的系统平均误符号率性能，其中天线配置为$(N_s, N_d) = (4,4)$，干扰信号数和干扰总功率为 $I_1 = I_2 = 2$ 和 $\overline{\gamma}_{tot} = \{-\infty, 1, 3\}$ dB。从图中可以观察到，平均误符号率的理论值和 Monte Carlo 仿真结果相吻合，同时平均误符号率渐进曲线和理论曲线在高信噪比范围一致。类似于图 2-3 中遍历容量性能曲线，系统平均误符号率性能随着干扰功率的增大而恶化。这表明尽管干扰信号功率的增加不会影响系统的分集度，但会导致系统阵列增益的减小从而恶化平均误符号率性能。在其他参数不变的情况下，卫星信道参数不影响系统分集度。但是，如式（2-117）所示，由于阵列增益的区别，平均误符号率在 ILS 信道参数组场景下性能最优。

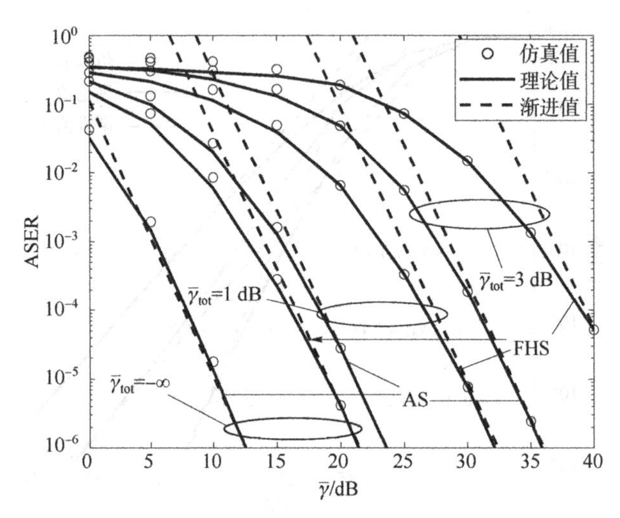

图 2-6　不同干扰功率和卫星信道参数下系统平均误符号率随信噪比 $\bar{\gamma}$ 变化曲线

2.5　小　结

本章研究了地面网络同频干扰下星地融合协同传输网络的性能。具体地，考虑中继和目标用户节点都存在多个同频干扰信号，且卫星和地面用户配置多根天线，推导了协同传输网络遍历容量、中断概率和平均误符号率的解析表达式。基于相应的理论表达式结果，能够更加有效地分析和理解各种系统参数对系统性能的影响。通过求解高信噪比时中断概率和平均误符号率的渐进表达式，进一步得到了星地融合协同传输网络的分集增益和阵列增益。最后，利用仿真结果论证了理论分析的正确性，并进一步分析了天线配置、地面网络干扰功率和卫星信道参数对协同传输网络性能的影响。

第3章
星地融合认知网络自适应中继传输方法

3.1 引　言

星地融合协同传输网络与地面蜂窝网工作在同一段频谱，其对地面网络用户的同频干扰同样不可避免[90]。在频率和功率资源受限的条件下，如何在提高协同传输网络信息传递有效性的同时保证与地面网络共存这一问题亟待深入研究。在第3章中，我们研究了地面网络同频干扰对星地融合协同传输网络性能的影响。与此同时，星地融合协同传输网络在共享地面网络频率资源时，同样需要限制协作网络对地面用户的干扰。只有将网络间干扰限制在可承受条件下，才能在保证卫星网络和地面网络共存的前提下获得较高的频谱利用率。决定干扰限定条件的因素包括干扰链路的信道衰落状态、发射功率、干扰阈值等。采用适当的干扰限制条件是保证星地一体化网络共存的一个重要技术环节，直接关系到星地频谱资源的使用方式、系统容量和频谱利用率。为保证卫星和地面网络业务的实时性，采用基于发射功率动态调整的约束方式是一种有效的方案。在该场景下，通过限制卫星波束下的地面网络用户以及受地面中继站干扰影响的地面网络用户能低于设定的保护阈值范围，从而保证一定的隔离度以确保各独立网络互不影响。

目前，已有个别文献针对星地融合网络干扰约束问题展开研究。文献［111］分析了星地融合网络中卫星上行链路干扰强度，其中同频干扰源同时包含了地面用户干扰信号以及其他卫星用户的干扰信号。文献［112］研究了星地融合网络中基于干扰强度感知的发射功率控制策略并区别划分网络间干扰的等级。文献［113］的研究表明，尽管星地融合网络会不可避免地造成网络间干扰，但是卫星网络频谱的利用率和地面网络信道容量方面能够获得较好的折中。文献［114］通过动态调整网络整体发射功率，使得网络间干扰最小化的同时保证各自网络独立的传输速率。然而，现有工作只是针对星地融合网络系统级层面上进行干扰统计分析，没有相关的文献考虑地面网络用户的干扰约束条件对星地融合协同传输网络性能的影响。基于以上分析，本章针对干扰约束下的星地融合协同传输网络性能展开研究，具体工作如下。

（1）针对存在地面用户干扰约束的星地融合译码转发协同传输网络，地面中继采用最大比合并方案。首先对卫星信号进行接收波束形成处理；然后通过最大比发射技术将译码后的信号进行发射波束形成处理，得到协作网络等效信干噪比表达式，其中包含地面用户干扰阈值、协作链路和干扰链路等关键系统参数。

（2）通过推导卫星用户中断概率的解析表达式，分析地面干扰链路信道衰落系数、干扰信号方向等关键参数对系统性能的影响。基于极限定理，进一步得到高信噪比下中断概率的渐进表达式，更加直观地反映出协同传输网络分集度和阵列增益与各参数之间关系。

（3）基于所推导理论表达式，通过仿真首先分析中继站的天线数、卫星到主用户链路和卫星到地面中继站链路接收俯仰角、中继站到地面用户和中继站到卫星用户信道衰落系数对协作传输网络中断概率性能的影响。基于高信噪比下的渐进表达式，定量分析协作传输系统分集度和阵列增益与中继节点配置天线数、接收俯仰角和信道衰落系数的关系。

3.2 系统模型

对于如图 3-1 所示的星地融合译码转发协同传输网络，系统由配置单根天线的卫星和终端用户，以及配置 N 根天线的地面中继站组成，且所有节点都工作在半双工模式。考虑卫星和终端用户之间由于建筑物或树木遮蔽而存在深度阴影效应，因而不存在 LOS 链路。

星地融合协同传输通信过程分为两个时隙，在第一个时隙中，卫星首先发送功率信号 $x_s(t)$ 到向地面中继站；然后经过接收波束形成处理后，地面中继站处的接收信号可表示为

$$y_{\mathrm{sr}}(t)=\sqrt{P_{\mathrm{s}}}\,\boldsymbol{w}_{\mathrm{rd}}^{\mathrm{H}}\boldsymbol{h}_{\mathrm{rd}}x_s(t)+n_r(t) \tag{3-1}$$

式中，P_{s} 为卫星的发射功率；$x_s(t)$ 表示卫星的发送信号，且满足归一化功率条件 $E[|x_s(t)|^2]=1$；$\boldsymbol{h}_{\mathrm{sr}}\in\mathbb{C}^{N\times 1}$ 为卫星与地面中继站之间的信道矢量；$\boldsymbol{w}_{\mathrm{sr}}\in\mathbb{C}^{N\times 1}$ 为地面中继站处的接收波束形成权矢量；$n_r(t)$ 表示地面中继站处均值为 0、方差为 σ^2 的噪声信号。

在第二个时隙中，地面中继站采用 DF 策略，将译码后得到的信号 $x_r(t)$ 经过发射波束形成处理后转发至目标用户。那么，卫星用户处的接收信号可表示为

$$y_{\mathrm{rd}}(t)=\sqrt{P_r}\,\boldsymbol{h}_{\mathrm{rd}}^{\mathrm{H}}\boldsymbol{w}_{\mathrm{rd}}x_r(t)+n_d(t) \tag{3-2}$$

式中，P_r 为地面中继站的发射功率，译码后发送的信号 $x_r(t)$ 满足 $\mathrm{E}[|x_r(t)|^2]=1$；$\boldsymbol{h}_{\mathrm{rd}}\in\mathbb{C}^{N\times 1}$ 为地面中继站与用户之间的矢量信道；$\boldsymbol{w}_{\mathrm{rd}}\in\mathbb{C}^{N\times 1}$ 为地面中继站在转发时的波束形成权矢量；$n_d(t)$ 表示用户接收到的均值为 0、方差为 σ^2 的复高斯加性白噪声信号。

在干扰约束下的星地融合协同传输网络中，必须严格控制卫星和地面中继节点处的发射功率，使得地面用户接收到的干扰信号功率限制在可接受的阈值 I_p 范围内。因此，在信道状态信息已知的情况下，卫星和地面中继站的发射功率满足

$$P_s=\frac{I_p}{|\boldsymbol{h}_{\mathrm{sp}}|^2} \tag{3-3}$$

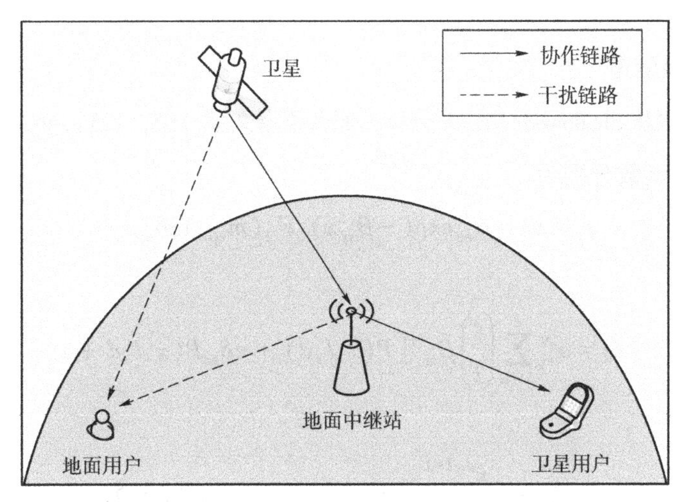

图 3-1　干扰约束下星地融合协同传输网络

$$P_r = \frac{I_p}{\|\boldsymbol{h}_{\mathrm{rp}}\|_F^2} \tag{3-4}$$

式中，$\boldsymbol{h}_{\mathrm{sp}}$为卫星到地面用户干扰链路的信道衰落系数；$\boldsymbol{h}_{\mathrm{rp}} \in \mathbb{C}^{N\times1}$为地面中继站到地面用户干扰链路的信道矢量。

利用式（3-1）和式（3-2）可以得到卫星用户处的接收信噪比的表达式为

$$\gamma_d = \min\left(\frac{P_s}{\sigma^2}\|\boldsymbol{h}_{\mathrm{sr}}\|_F^2, \frac{P_r}{\sigma^2}\|\boldsymbol{h}_{\mathrm{rd}}\|_F^2\right) \tag{3-5}$$

结合式（3-3）和式（3-4）中卫星发射功率和地面中继站发射功率干扰约束条件并经过必要的数学计算，可以将式（3-5）进一步表示为

$$\gamma_d = \min\left(\frac{I_p}{\sigma^2}\frac{\|\boldsymbol{h}_{\mathrm{sr}}\|_F^2}{|\boldsymbol{h}_{\mathrm{sp}}|^2}, \frac{I_p}{\sigma^2}\frac{\|\boldsymbol{h}_{\mathrm{rd}}\|_F^2}{\|\boldsymbol{h}_{\mathrm{rp}}\|_F^2}\right) = \min(\Gamma_1, \Gamma_2) \tag{3-6}$$

式中，$\Gamma_1 = \bar{\gamma}\gamma_{\mathrm{sr}}/\gamma_{\mathrm{sp}}$；$\Gamma_2 = \bar{\gamma}\gamma_{\mathrm{rd}}/\gamma_{\mathrm{rp}}$，$\gamma_{\mathrm{sr}} = \|\boldsymbol{h}_{\mathrm{sr}}\|_F^2$，$\gamma_{\mathrm{rd}} = \|\boldsymbol{h}_{\mathrm{rd}}\|_F^2$，$\gamma_{\mathrm{sp}} = |h_{\mathrm{sp}}|^2$，$\gamma_{\mathrm{rp}} = \|\boldsymbol{h}_{\mathrm{rp}}\|_F^2$，$\bar{\gamma} = I_p/\sigma^2$。

3.3　性能分析

本节基于上面系统模型以及信道统计分布特性，对存在地面用户干扰约束下的星地融合协同传输网络的性能展开研究。具体地，首先推导中断概率的理论表达式；然后在高信噪比环境下分析了系统中断概率渐进解，并由此得到系统分集度和阵列增益。

3.3.1　信道统计分布特性

本节分析了星地融合协同传输网络中各链路，以及协同传输网络与地面用户间干扰链路

的统计分布特性。

3.3.1.1 卫星信道

考虑卫星链路服从Shadowed-Rician分布，那么根据文献［95，115］，$\gamma_{sp} = |\boldsymbol{h}_{sp}|^2$ 和 $\gamma_{sr} = \|\boldsymbol{h}_{sr}\|_F^2$ 的概率密度函数分别为

$$f_{\gamma_{sp}}(x) = \alpha_{sp}\exp(-\beta_{sp}x)\,{}_1F_1(m_{sp};1;\delta_{sp}x) \tag{3-7}$$

和

$$f_{\gamma_{sr}}(x) = \alpha_{sr}^N \sum_{l=0}^{c}\binom{c}{l}\beta_{sr}^{c-l}[P(x,l,d) + \varepsilon\delta_{sr}P(x,l,d+1)] \tag{3-8}$$

其中，

$$P(x,l,d) = \frac{x^{d-l-1}}{\Gamma(d-l)}\,{}_1F_1(d;d-l;-(\beta_{sr}-\delta_{sr})x) \tag{3-9}$$

根据文献［109］，有

$$\begin{aligned}{}_1F_1(d;d-l;-(\beta_{sr}-\delta_{sr})x) = {} & (\beta_{sr}-\delta_{sr})^{-\frac{l-d}{2}}x^{-\frac{l-d}{2}}\exp\left(-\frac{(\beta_{sr}-\delta_{sr})x}{2}\right) \\ & \cdot M_{\frac{d+l}{2},\frac{d-l-1}{2}}((\beta_{sr}-\delta_{sr})x)\end{aligned} \tag{3-10}$$

其中，$M_{k,m}(z)$ 表示Whittaker函数[96]，可以将式（3-9）进一步化简为

$$P(x,l,d) = \frac{\sqrt{(\beta_{sr}-\delta_{sr})^{l-d}}}{\Gamma(d-l)}x^{\frac{d-l}{2}-1}\exp\left(-\frac{(\beta_{sr}-\delta_{sr})x}{2}\right)\cdot M_{\frac{d+l}{2},\frac{d-l-1}{2}}((\beta_{sr}-\delta_{sr})x) \tag{3-11}$$

根据式（3-8）和文献［105］中的式（2.19.5.3），可得 $F_{\gamma_{sr}}(x)$ 的解析表达式为

$$F_{\gamma_{sr}}(x) = \int_0^x f_{\gamma_{sr}}(z)\,\mathrm{d}z = \alpha^N\sum_{l=0}^{c}\binom{c}{l}\beta^{c-l}[Q(x,l,d) + \varepsilon\delta Q(x,l,d+1)] \tag{3-12}$$

其中，

$$Q(x,l,d) = \frac{\sqrt{(\beta_{sr}-\delta_{sr})^{l-d-1}}}{\Gamma(d-l+1)}x^{\frac{d-l-1}{2}}\exp\left(-\frac{(\beta_{sr}-\delta_{sr})x}{2}\right)\times M_{\frac{d+l-1}{2},\frac{d-l}{2}}((\beta_{sr}-\delta_{sr})x) \tag{3-13}$$

3.3.1.2 地面信道

假设地面链路服从独立同分布的Nakagami-m分布，那么 $\gamma_j = \|\boldsymbol{h}_j\|_F^2 (j \triangleq rp, rd)$ 的概率密度函数为[116]

$$f_{\gamma_j}(x) = \frac{m_j^{m_jN}x^{m_jN-1}}{\Gamma(m_jN)\Omega_j^{m_jN}}\exp\left(-\frac{m_jx}{\Omega_j}\right) \tag{3-14}$$

式中，m_j 为信道衰落系数；Ω_j 为信道数量中第 j 个分量的平均功率。

对于 $F_{\gamma_{rd}}(x)$，利用式（3-14）和文献［96］中的积分公式（3.351.1），可得

$$F_{\gamma_j}(x) = \frac{\gamma(m_jN,\varepsilon_jx)}{\Gamma(m_jN)} \tag{3-15}$$

式中，$\gamma(\cdot)$ 表示不完全 Gamma 函数[96]。

为了化简式（3-15），利用下面展开式[96]

$$\gamma(n,x)=(n-1)!\left[1-\exp(-x)\sum_{m=0}^{n-1}\frac{x^m}{m!}\right] \tag{3-16}$$

可进一步将 $F_{\gamma_j}(x)$ 表示为

$$F_{\gamma_j}(x)=1-\exp\left(-\frac{m_j x}{\Omega_j}\right)\sum_{i=0}^{m_{\mathrm{rd}}N-1}\frac{1}{i!}\left(\frac{m_j x}{\Omega_j}\right)^i \tag{3-17}$$

3.3.2　中断概率

作为无线通信系统一个重要的性能指标，中断概率定义为系统的瞬时输出信噪比或信干噪比低于预先设定阈值 γ_{th} 的概率。对于译码转发中继网络，利用式（3-6），其中断概率在数学上可以表示为

$$P_{\mathrm{out}}(\gamma_{\mathrm{th}})=\Pr(\min(\Gamma_1,\Gamma_2)\leqslant\gamma_{\mathrm{th}}) \tag{3-18}$$

定理 3.1　存在地面用户干扰约束下的星地融合译码转发协同传输网络的中断概率为

$$\begin{aligned}P_{\mathrm{out}}(\gamma_{\mathrm{th}})={}&1-\sum_{i=0}^{N-1}\frac{1}{i!\ (N-1)!}\left(\frac{\Omega_{\mathrm{rp}}\gamma_{\mathrm{th}}}{\Omega_{\mathrm{rd}}\overline{\gamma}}\right)^i G_{1,1}^{1,1}\left[\frac{\Omega_{\mathrm{rp}}\gamma_{\mathrm{th}}}{\Omega_{\mathrm{rd}}\overline{\gamma}}\middle|\begin{matrix}-(i+N-1)\\0\end{matrix}\right]\Bigg\{1-\alpha_{\mathrm{sr}}^N\alpha_{\mathrm{sp}}\sum_{l=0}^{c}\binom{c}{l}\beta_{\mathrm{sr}}^{c-l}\\&\cdot\left(\frac{(\beta_{\mathrm{sr}}-\delta_{\mathrm{sr}})^{l-d}\sqrt{(\beta_{\mathrm{sr}}-\delta_{\mathrm{sr}})\gamma_{\mathrm{th}}}}{\Gamma(m_{\mathrm{sp}})\Gamma(d)\beta_{\mathrm{sp}}^{3/2}}G_{1,[1:1],0,[2:2]}^{1,1,1,1,1}\left[\begin{matrix}\frac{(\beta_{\mathrm{sr}}-\delta_{\mathrm{sr}})\gamma_{\mathrm{th}}}{\beta_{\mathrm{sp}}}\\-\frac{\delta_{\mathrm{sp}}}{\beta_{\mathrm{sp}}}\end{matrix}\middle|\begin{matrix}\frac{3}{2}\\\frac{1}{2}-l;1-m_{\mathrm{sp}}\\--\\-\frac{1}{2}+d-l,-\frac{1}{2};0,0\end{matrix}\right]\right.\\&\left.+\frac{(\beta_{\mathrm{sr}}-\delta_{\mathrm{sr}})^{l-d-1}\sqrt{(\beta_{\mathrm{sr}}-\delta_{\mathrm{sr}})\gamma_{\mathrm{th}}}}{\Gamma(m_{\mathrm{sp}})\Gamma(d+1)\beta_{\mathrm{sp}}^{3/2}}G_{1,[1:1],0,[2:2]}^{1,1,1,1,1}\left[\begin{matrix}\frac{(\beta_{\mathrm{sr}}-\delta_{\mathrm{sr}})\gamma_{\mathrm{th}}}{\beta_{\mathrm{sp}}}\\-\frac{\delta_{\mathrm{sp}}}{\beta_{\mathrm{sp}}}\end{matrix}\middle|\begin{matrix}\frac{3}{2}\\\frac{1}{2}-l;1-m_{\mathrm{sp}}\\--\\\frac{1}{2}+d-l,-\frac{1}{2};0,0\end{matrix}\right]\right)\Bigg\}\end{aligned} \tag{3-19}$$

证明：根据译码转发策略原理，可得目标用户接收信干噪比表达式为

$$P_{\text{out}}(\gamma_{\text{th}}) = F_{\gamma_d}(\gamma_{\text{th}}) = 1 - [1 - F_{\Gamma_1}(x)][1 - F_{\Gamma_2}(x)] \tag{3-20}$$

式中，$F_{\Gamma_1}(x)$ 和 $F_{\Gamma_2}(x)$ 为 Γ_1 和 Γ_2 的累积分布函数。

根据概率论相关知识，$F_{\Gamma_1}(x)$ 和 $F_{\Gamma_2}(x)$ 可分别由下面的条件概率公式表示，即

$$F_{\Gamma_1}(x) = \int_0^\infty F_{\overline{\gamma}\gamma_{\text{sr}}}(xz) f_{\gamma_{\text{rd}}}(z)\,\mathrm{d}z \tag{3-21}$$

$$F_{\Gamma_2}(x) = \int_0^\infty F_{\overline{\gamma}\gamma_{\text{rd}}}(xz) f_{\gamma_{\text{rp}}}(z)\,\mathrm{d}z \tag{3-22}$$

下面我们分别推导 $F_{\gamma_{\text{sr}}}(x)$ 和 $F_{\gamma_{\text{rd}}}(x)$ 的解析表达式，利用文献［117］中的式（A.6），可得

$$z^\sigma \exp\left(-\frac{z}{2}\right) M_{k,m}(z) = \frac{\sqrt{z}\,\Gamma(2m+1)}{\Gamma\left(\frac{1}{2}+k+m\right)} H_{1,2}^{1,1}\left[z \,\middle|\, \begin{matrix} \left(\frac{1}{2}+\sigma-k, 1\right) \\ (\sigma+m,1),(\sigma-m,1) \end{matrix} \right] \tag{3-23}$$

式中，$H_{p,q}^{m,n}[\cdot|\cdot]$表示 H-fox 函数[96]和文献［117］中的式（1.7.1）关于 Meijer-G 函数的恒等变型为

$$H_{p,q}^{m,n}\left[x \,\middle|\, \begin{matrix} (a_p,1) \\ (b_q,1) \end{matrix} \right] = G_{p,q}^{m,n}\left[x \,\middle|\, \begin{matrix} a_1,\cdots,a_n,a_{n+1},\cdots,a_p \\ b_1,\cdots,b_m,b_{m+1},\cdots,b_q \end{matrix} \right] \tag{3-24}$$

将式（3-13）中的 $Q(x,l,d)$ 进一步化简为

$$Q(x,l,d) = \frac{(\beta_{\text{sr}}-\delta_{\text{sr}})^{l-d}}{\Gamma(d)} \sqrt{(\beta_{\text{sr}}-\delta_{\text{sr}})x}\, G_{1,2}^{1,1}\left[(\beta_{\text{sr}}-\delta_{\text{sr}})x \,\middle|\, \begin{matrix} \frac{1}{2}-l \\ -\frac{1}{2}+d-l,\ -\frac{1}{2} \end{matrix} \right] \tag{3-25}$$

将式（3-8）、式（3-12）和式（3-25）代入式（3-21），可得

$$F_{\Gamma_1}(x) = \alpha_{\text{sr}}^N \alpha_{\text{sp}} \sum_{l=0}^{c} \binom{c}{l} \beta_{\text{sr}}^{c-l} \left[L\left(\frac{x}{\overline{\gamma}}, l, d\right) + \varepsilon\delta_{\text{sr}} L\left(\frac{x}{\overline{\gamma}}, l, d+1\right) \right] \tag{3-26}$$

其中，

$$L\left(\frac{x}{\overline{\gamma}}, l, d\right) = \int_0^\infty Q\left(\frac{xz}{\overline{\gamma}}, l, d\right) \exp(-\beta_{\text{sp}}z)\, {}_1F_1(m_{\text{sp}};1;\delta_{\text{sp}}z)\,\mathrm{d}z \tag{3-27}$$

利用文献［96］中的式（8.455.1）以及文献［102］中的式（11），可以分别将 ${}_1F_1(m_{\text{sp}};1;\delta_{\text{sp}}z)$ 和 $\exp(-\beta_{\text{sp}}z)$ 转换为 Meijer-G 函数的形式，即

$${}_1F_1(m_{\text{sp}};1;\delta_{\text{sp}}z) = \frac{1}{\Gamma(m_{\text{sp}})} G_{1,2}^{1,1}\left[-\delta_{\text{sp}}z \,\middle|\, \begin{matrix} 1-m_{\text{sp}} \\ 0,0 \end{matrix} \right] \tag{3-28}$$

$$\exp(-\beta_{sp}z) = G_{01}^{1,0}\left[\beta_{sp}z \middle| \begin{matrix} - \\ 0 \end{matrix}\right] \tag{3-29}$$

将式（3-28）和式（3-29）代入式（3-27），并利用文献［104］中的积分公式（3.1），可得

$$\int_0^\infty t^{\sigma-1} G_{\lambda,\xi}^{\xi_1,\lambda_1}\left[(\gamma t)^{\gamma_v} \middle| \begin{matrix} (\alpha_\lambda) \\ (\beta_\xi) \end{matrix}\right] G_{p,q}^{m,n}\left[(st)^{\gamma_v} \middle| \begin{matrix} (a_p) \\ (b_q) \end{matrix}\right] G_{\mu,\eta}^{\mu_1,0}\left[(at)^{\gamma} \middle| \begin{matrix} (e_\mu) \\ (f_\eta) \end{matrix}\right] dt$$

$$= G_{\eta,[\lambda:p],\mu,[\xi:q]}^{\mu_1,\lambda_1,n,\xi_1,m}\left[\begin{matrix} \left(\dfrac{\gamma}{a}\right)^{\gamma_v} \\ \left(\dfrac{s}{a}\right)^{\gamma_v} \end{matrix} \middle| \begin{matrix} 1-(f_\eta)-\dfrac{\sigma}{\gamma} \\ 1-(\alpha_\lambda);1-(a_p) \\ (e_\mu)+\dfrac{\sigma}{\gamma} \\ (\beta_\xi);(b_q) \end{matrix}\right] \tag{3-30}$$

式中，$G_{\eta,[\lambda:p],\mu,[\xi:q]}^{\mu_1,\lambda_1,n,\xi_1,m}[\cdot|\cdot]$ 表示双变量 Meijer-G 函数[104]，通过计算可得

$$L\left(\frac{x}{\gamma},l,d\right) = \frac{(\beta_{sr}-\delta_{sr})^{l-d}\sqrt{(\beta_{sr}-\delta_{sr})x}}{\Gamma(m_{sp})\Gamma(d)\beta_{sp}^{3/2}}$$

$$\cdot G_{1,[1:1],0,[2:2]}^{1,1,1,1,1}\left[\begin{matrix} \dfrac{(\beta_{sr}-\delta_{sr})x}{\beta_{sp}} \\ -\dfrac{\delta_{sp}}{\beta_{sp}} \end{matrix} \middle| \begin{matrix} \dfrac{3}{2} \\ \dfrac{1}{2}-l;1-m_{sp} \\ -- \\ -\dfrac{1}{2}+d-l,-\dfrac{1}{2};0,0 \end{matrix}\right] \tag{3-31}$$

利用类似的方法，可得到

$$L\left(\frac{x}{\gamma},l,d+1\right) = \frac{(\beta_{sr}-\delta_{sr})^{l-d-1}\sqrt{(\beta_{sr}-\delta_{sr})x}}{\Gamma(m_{sp})\Gamma(d)\beta_{sp}^{3/2}}$$

$$\cdot G_{1,[1:1],0,[2:2]}^{1,1,1,1,1}\left[\begin{matrix} \dfrac{(\beta_{sr}-\delta_{sr})x}{\beta_{sp}} \\ -\dfrac{\delta_{sp}}{\beta_{sp}} \end{matrix} \middle| \begin{matrix} \dfrac{3}{2} \\ \dfrac{1}{2}-l;1-m_{sp} \\ -- \\ \dfrac{1}{2}+d-l,-\dfrac{1}{2};0,0 \end{matrix}\right] \tag{3-32}$$

将 $L\left(\frac{x}{\gamma},l,d\right)$ 和 $L\left(\frac{x}{\gamma},l,d+1\right)$ 代入式（3-26）可以得到 $F_{\Gamma_1}(x)$ 的表达式。

利用式（3-14）和式（3-15），可以得到 $F_{\Gamma_2}(x)$ 的表达式为

$$F_{\Gamma_2}(x)=1-\frac{m_{\rm rp}^{m_{\rm rp}N}}{\Gamma(m_{\rm rp}N)\Omega_{\rm rp}^{m_{\rm rp}N}}\sum_{i=0}^{m_{\rm rd}N-1}\frac{1}{i!}\left(\frac{m_{\rm rd}x}{\Omega_{\rm rd}\overline{\gamma}}\right)^{i}\int_0^{\infty}y^{i+Nm_{\rm rp}-1}\exp\left(-\left(\frac{m_{\rm rp}}{\Omega_{\rm rp}}+\frac{m_{\rm rd}x}{\Omega_{\rm rd}\overline{\gamma}}\right)y\right)$$
$$=1-\frac{m_{\rm rp}^{m_{\rm rp}N}}{\Gamma(m_{\rm rp}N)\Omega_{\rm rp}^{m_{\rm rp}N}}\sum_{i=0}^{m_{\rm rd}N-1}\frac{1}{i!}\left(\frac{m_{\rm rd}x}{\Omega_{\rm rd}\overline{\gamma}}\right)^{i}(i+Nm_{\rm rp}-1)!\left(\frac{m_{\rm rp}}{\Omega_{\rm rp}}+\frac{m_{\rm rd}x}{\Omega_{\rm rd}\overline{\gamma}}\right)^{-(i+Nm_{\rm rp})} \tag{3-33}$$

利用文献［102］中的式（10），式（3-33）中的最后一项可以进一步化简为

$$\left(\frac{m_{\rm rp}}{\Omega_{\rm rp}}+\frac{m_{\rm rd}x}{\Omega_{\rm rd}\overline{\gamma}}\right)^{-(i+Nm_{\rm rp})}=\frac{1}{\Gamma(i+Nm_{\rm rp})}\left(\frac{m_{\rm rp}}{\Omega_{\rm rp}}\right)^{-(i+Nm_{\rm rp})}\cdot G_{1,1}^{1,1}\left[\frac{m_{\rm rd}\Omega_{\rm rp}x}{m_{\rm rp}\Omega_{\rm rd}\overline{\gamma}}\middle|\begin{matrix}-(i+Nm_{\rm rp}-1)\\0\end{matrix}\right] \tag{3-34}$$

利用式（3-33）和式（3-34），可得 $F_{\Gamma_2}(x)$ 的表达式，即

$$F_{\Gamma_2}(x)=1-\sum_{i=0}^{m_{\rm rd}N-1}\frac{1}{i!}\left(\frac{m_{\rm rd}x}{\Omega_{\rm rd}\overline{\gamma}}\right)^{i}\frac{m_{\rm rp}^{m_{\rm rp}N}\Omega_{\rm rp}^{i}}{\Gamma(m_{\rm rp}N)}G_{1,1}^{1,1}\left[\frac{m_{\rm rd}\Omega_{\rm rp}x}{m_{\rm rp}\Omega_{\rm rd}\overline{\gamma}}\middle|\begin{matrix}-(i+m_{\rm rp}N-1)\\0\end{matrix}\right] \tag{3-35}$$

利用式（3-26）、式（3-35）和式（3-18），即可得到中断概率的解析表达式（3-19）。

至此，我们通过详细的理论推导给出了在地面用户干扰约束下星地融合协作传输网络的中断概率解析表达式，上述数学推导为分析系统服务质量提供了快速有效的手段，该表达式适用于任意信道参数、天线配置和干扰约束阈值的场景。

3.3.3 高信噪比渐进分析

尽管定理 3.1 基于信道统计特性和协作传输模型给出了中断概率的数学表达式，但其未能清晰直观地体现出关键系统参数与性能指标之间的关系。本节通过分析系统在高信噪比条件下的中断性能极限，通过分析系统的分集度和阵列增益，更加清晰地给出不同关键参数对系统中断性能的影响。

定理 3.2 在高信噪比情况下，存在地面用户干扰约束的星地融合协同传输网络中断概率渐进表达式为

$$P_{\rm out}^{\infty}(\gamma_{\rm th})=\Delta\left(\frac{\gamma_{\rm th}}{\overline{\gamma}}\right)^{\min(N,m_{\rm rd}N)} \tag{3-36}$$

式中，Δ 可以表示为

$$\Delta=\begin{cases}\Delta_1, & m_{\rm rd}>1\\ \Delta_1+\Delta_2, & m_{\rm rd}=1\end{cases} \tag{3-37}$$

其中，

$$\Delta_1=\frac{\alpha_{\mathrm{sp}}\alpha_{\mathrm{sr}}^N\gamma_{\mathrm{th}}^N}{N!\ \Gamma(m_{\mathrm{sp}})\beta_{\mathrm{sp}}^{N+1}}G_{2,2}^{1,2}\left[-\frac{\delta_{\mathrm{sp}}}{\beta_{\mathrm{sp}}}\middle|\begin{matrix}-N,1-m_{\mathrm{sp}}\\0,0\end{matrix}\right] \tag{3-38}$$

$$\Delta_2=\frac{\Gamma((m_{\mathrm{rd}}+m_{\mathrm{rp}})N)}{\Gamma(m_{\mathrm{rd}}N+1)\Gamma(m_{\mathrm{rp}}N)}\left(\frac{\Omega_{\mathrm{rp}}m_{\mathrm{rd}}\gamma_{\mathrm{th}}}{\Omega_{\mathrm{rd}}m_{\mathrm{rp}}}\right)^{m_{\mathrm{rd}}N} \tag{3-39}$$

证明：利用式（2-107）中 Meijer-G 函数的级数展开式，可得$f_{\gamma_{\mathrm{sr}}}^{\infty}(x)$的高阶表达式为

$$f_{\gamma_{\mathrm{sr}}}^{\infty}(x)=\alpha_{\mathrm{sr}}^N\sum_{l=0}^{c}\binom{c}{l}\beta_{\mathrm{sr}}^{c-l}\left[\frac{x^{d-l-1}}{\Gamma(d-l)}+\frac{\varepsilon\delta_{\mathrm{sr}}x^{d-l}}{\Gamma(d-l)}\right] \tag{3-40}$$

对式（3-40）进行积分，可得

$$F_{\bar{\gamma}\gamma_{\mathrm{sr}}}^{\infty}(x)=\alpha_{\mathrm{sr}}^N\sum_{l=0}^{c}\binom{c}{l}\beta_{\mathrm{sr}}^{c-l}\left(\frac{1}{\Gamma(1+d-l)}\left(\frac{x}{\bar{\gamma}}\right)^{d-l}+\frac{\varepsilon\delta_{\mathrm{sr}}}{\Gamma(2+d-l)}\left(\frac{x}{\bar{\gamma}}\right)^{1+d-l}\right) \tag{3-41}$$

在高信噪比时，$F_{\Gamma_1}^{\infty}(x)$的渐进性能主要由$\bar{\gamma}$的最低阶数决定。因此，在式（3-41）中令$l=c$，可得

$$F_{\bar{\gamma}\gamma_{\mathrm{sr}}}^{\infty}(x)=\frac{\alpha^N}{\Gamma(1+N)}\left(\frac{x}{\bar{\gamma}}\right)^N \tag{3-42}$$

将式（3-42）和（3-7）代入式（3-21），可得$F_{\Gamma_1}^{\infty}(x)$的渐进解为

$$F_{\Gamma_1}^{\infty}(x)=\frac{\alpha_{\mathrm{sr}}^N\alpha_{\mathrm{sp}}}{\Gamma(1+N)}\left(\frac{x}{\bar{\gamma}}\right)^N\int_0^{\infty}z^N\exp(-\beta_{\mathrm{sp}}z)\,{}_1F_1(m_{\mathrm{sp}};1;\delta_{\mathrm{sp}}z)\,\mathrm{d}z \tag{3-43}$$

利用文献［96］中的式（8.455.1）和下面的积分公式[102]

$$\int_0^{\infty}x^{\alpha-1}G_{u,v}^{s,t}\left[\partial x\middle|\begin{matrix}(c_u)\\(d_v)\end{matrix}\right]G_{p,q}^{m,n}\left[wx^{\frac{l}{k}}\middle|\begin{matrix}(a_p)\\(b_q)\end{matrix}\right]\mathrm{d}x=\frac{k^{\mu}l^{\rho+\alpha(v-u)-1}\partial^{-\alpha}}{(2\pi)^{b^*(l-1)+c^*(k-1)}}G_{kp+lv,kq+lu}^{km+lt,kn+ls}\left[\frac{w^kk^{k(p-q)}}{\partial^l l^{l(u-v)}}\middle|\begin{matrix}\Delta(k,a_1),\cdots,\Delta(k,a_n),\Delta(l,1-\alpha-d_1),\cdots,\Delta(l,1-\alpha-d_v),\Delta(k,a_{n+1}),\cdots,\Delta(k,a_p)\\\Delta(k,b_1),\cdots,\Delta(k,b_m),\Delta(l,1-\alpha-c_1),\cdots,\Delta(l,1-\alpha-c_u),\Delta(k,b_{m+1}),\cdots,\Delta(k,b_q)\end{matrix}\right] \tag{3-44}$$

其中，

$$\begin{cases}\Delta(k,a)=\left(\dfrac{a}{k},\dfrac{a+1}{k},\cdots,\dfrac{a+k-1}{k}\right)\\ b^*=s+t-\dfrac{1}{2}(u+v)\ ,c^*=m+n-\dfrac{1}{2}(p+q)\\ \mu=\displaystyle\sum_{i=1}^{p}b_i-\sum_{j=1}^{q}a_j+\frac{1}{2}(p-q)+1\\ \rho=\displaystyle\sum_{i=1}^{v}d_i-\sum_{j=1}^{u}c_j+\frac{1}{2}(u-v)+1\end{cases} \tag{3-45}$$

可以得到

$$F_{\Gamma_1}^{\infty}(x)=\frac{\alpha_{\mathrm{sr}}^{N}\alpha_{\mathrm{sp}}}{\Gamma(1+N)\Gamma(m_{\mathrm{sp}})}\left(\frac{x}{\overline{\gamma}}\right)^{N}\beta_{\mathrm{sp}}^{-N-1}G_{2,2}^{1,2}\left[-\frac{\delta_{\mathrm{sp}}}{\beta_{\mathrm{sp}}}\left|\begin{matrix}-N,1-m_{\mathrm{sp}}\\0,0\end{matrix}\right.\right] \tag{3-46}$$

为了计算 $F_{\Gamma_2}^{\infty}(x)$，需要得到 $F_{\overline{\gamma}\gamma_{\mathrm{rd}}}^{\infty}(x)$ 的渐进解。利用指数函数级数展开式[96]

$$\exp(-ax)=\sum_{k=0}^{\infty}\frac{(-ax)^{k}}{k!} \tag{3-47}$$

可得 $F_{\overline{\gamma}\gamma_{\mathrm{rd}}}^{\infty}(x)$ 的表达式为

$$F_{\overline{\gamma}\gamma_{\mathrm{rd}}}^{\infty}(x)=\frac{1}{\Gamma(m_{\mathrm{rd}}N+1)}\left(\frac{m_{\mathrm{rd}}x}{\Omega_{\mathrm{rd}}\overline{\gamma}}\right)^{m_{\mathrm{rd}}N} \tag{3-48}$$

将式（3-48）和式（3-14）代入式（3-22）并进过必要的计算，可得

$$F_{\Gamma_2}(x)=\frac{\Gamma((m_{\mathrm{rd}}+m_{\mathrm{rp}})N)}{\Gamma(m_{\mathrm{rd}}N+1)\Gamma(m_{\mathrm{rp}}N)}\left(\frac{m_{\mathrm{rd}}\Omega_{\mathrm{rp}}x}{m_{\mathrm{rd}}\Omega_{\mathrm{rp}}\overline{\gamma}}\right)^{m_{\mathrm{rd}}N} \tag{3-49}$$

将式（3-37）和式（3-30）代入式（3-9），可以得到系统中断概率在高信噪比条件下的表达式为式（3-36）。

推论 3.1 根据定理 3.2 的结论，当存在地面用户干扰约束条件时，星地融合译码转发协同传输网络中断概率的高信噪比表达式为

$$P_{\mathrm{out}}^{\infty}(\gamma_{\mathrm{th}})=(G_c\overline{\gamma})^{-G_d}+O(\overline{\gamma}^{-(G_d+1)}) \tag{3-50}$$

其中，系统的分集度和阵列增益分别为

$$G_d=\min(N,m_{\mathrm{rd}}N) \tag{3-51}$$

$$G_c=\frac{\Delta^{-G_d^{-1}}}{\gamma_{\mathrm{th}}} \tag{3-52}$$

从上述推论不难发现，系统的分集度由中继节点配置天线数 N 和中继节点到卫星用户的信道衰落系数 m_{rd} 共同决定。卫星和地面中继到地面用户的干扰链路信道参数只影响系统的阵列增益，而对系统的分集增益不产生任何影响。

3.4 仿真分析

本节通过 Monte Carlo 仿真对前面部分理论推导的精确性进行验证，并进一步分析各关键参数对系统性能的影响。在本章的仿真中，假设中断信噪比阈值 $\gamma_{\mathrm{th}}=3$ dB，地面链路信道平均功率 $\Omega_{\mathrm{rd}}=\Omega_{\mathrm{rp}}=1$，噪声方差 $\sigma^2=1$。为了更直观地描述卫星移动通信信道参数特性，根据文献［95］中给出的实测结果，通过如图 3-2 所示的地面中继站、地面用户与卫星链路俯仰角关系模型图，进一步将 Shadowed-Rician 信道参数转换成与俯仰角 $\theta_i(i\triangleq sr,sp)$ 所对

应的关系式：

$$\begin{cases} b_i(\theta_i) \approx -4.7943 \times 10^{-8}\theta_i^3 + 5.5784 \times 10^{-6}\theta_i^2 - 2.1344 \times 10^{-4}\theta_i + 3.2710 \times 10^{-2} \\ m_i(\theta_i) \approx 6.3739 \times 10^{-5}\theta_i^3 + 5.8533 \times 10^{-4}\theta_i^2 - 1.5973 \times 10^{-1}\theta_i + 3.5156 \\ \Omega_i(\theta_i) \approx 1.4428 \times 10^{-5}\theta_i^3 - 2.3798 \times 10^{-3}\theta_i^2 + 1.2702 \times 10^{-1}\theta_i - 1.4864 \end{cases} \tag{3-53}$$

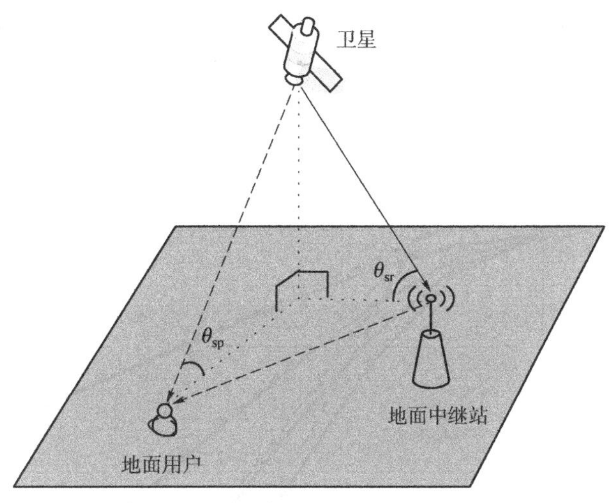

图 3-2　基于俯仰角的系统等效模型

（1）图 3-3 对式（3-53）中参数转换近似表达式的精确度进行验证分析，其中俯仰角 θ 为 20°、40°和 60°。通过仿真对比可以发现，基于俯仰角 θ 的卫星信道累积分布函数近似表达式性能曲线在 20°、40°和 60°的场景下分别能够准确模拟深度阴影、中度阴影和轻度阴影的卫星衰落信道场景，验证了近似表达式的准确性。根据近似参数转换公式，我们在分析卫星信道参数对协同传输网络性能影响时可以获得更直观的方法。

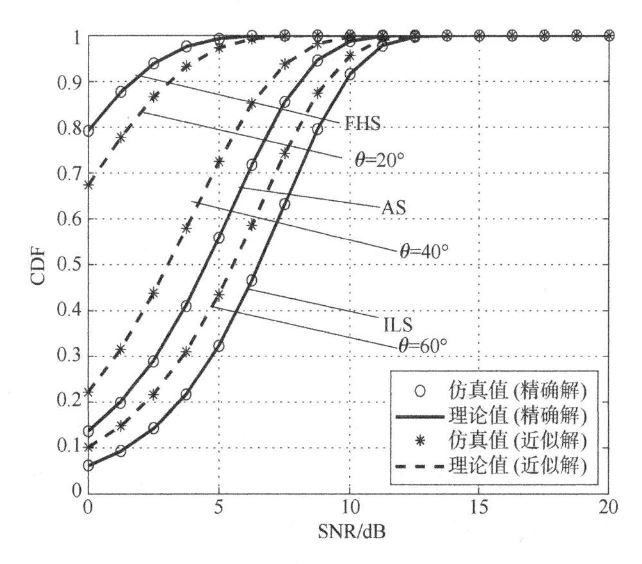

图 3-3　基于俯仰角 θ 和实际信道参数的累积分布函数性能对比

(2) 图 3-4 给出了不同天线数 N 下系统中断概率的变化曲线，其中参数设置为：$\theta_{sr}=\theta_{sp}=20°, m_{rd}=m_{rp}=2$。从图中可以看出：①所推导的解析表达式与 Monte Carlo 仿真的结果十分吻合，表明所推导结果的正确性；②高信噪比下中断概率的渐进曲线也在中等信噪比区域就开始与仿真结果贴合较好；③还可以发现随着中继站天线数 N 的增加，系统获得更高的分集增益，其中断概率显著降低，表明了配置多天线能够提高传输有效性的优点。在不增加系统带宽和发射功率的前提下，在中继节点配置多天线能够利用空间分集增益有效提升衰落信道环境下无线网络的服务质量。因此，将配置多天线的地面中继站引入到星地融合协同传输网络中能够有效消除多径传输和时变衰落的影响，进一步提高频谱利用率和改善次级地面用户信息传输的可靠性。

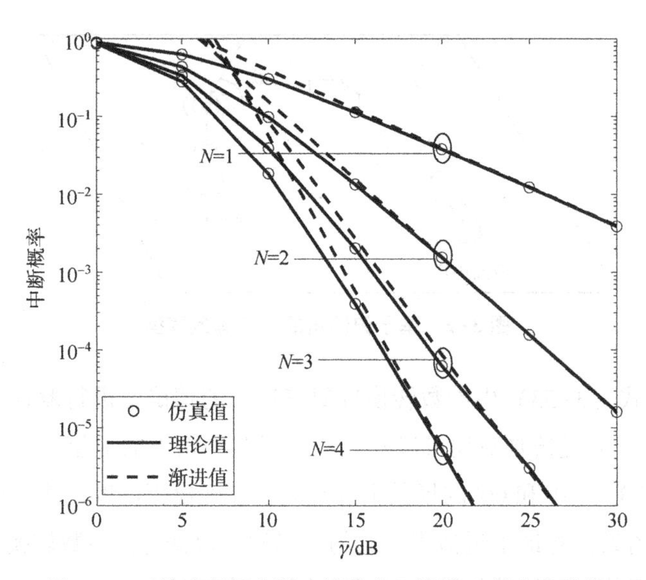

图 3-4　系统中断概率随中继节点天线数 N 的变化曲线

(3) 图 3-5 分析了卫星到地面用户干扰链路俯仰角 θ_{sp} 对系统中断概率性能的影响，其中参数设置为：$\theta_{sr}=20°$，$m_{rd}=m_{rp}=1$，$N=2$，4。从图中可以看出，协作网络中断概率随着俯仰角 θ_{sp} 的增大而恶化。这是由于在较大的俯仰角场景下，卫星链路的信道质量越好，因而对地面用户的干扰越大。那么，卫星和地面中继站所能允许的发射功率被进一步限制，以满足式（3-3）和式（3-4）中的干扰约束条件，进而协同传输网络的中断概率增大。此外，我们还发现不同 θ_{sp} 值下对应的系统中断概率渐进曲线保持平行，这表明系统的分集度没有发生改变。但是，θ_{sp} 的增大会减小系统阵列增益，进而协作传输网络中断概率性能逐渐变差。

(4) 图 3-6 给出了卫星到地面中继链路俯仰角 θ_{sr} 对系统中断概率性能的影响，其中参数设置为：$\theta_{sp}=20°$，$m_{rd}=m_{rp}=1$，$N=2$。从图中不难发现，随着 θ_{sr} 的增大，系统的中断概率逐渐越低，这是由于卫星到中继链路的信道质量逐渐改善。此外，通过高信噪比分析可以发现与图 3-5 相同的结论，即不同 θ_{sr} 下的渐进曲线保持相对平行，表明 θ_{sr} 对系统分集增益没有影响。因此，我们归纳出卫星到中继链路信道质量随着 θ_{sr} 的增大的改善，系统的阵列增益随之提升而分集度并为发生改变。

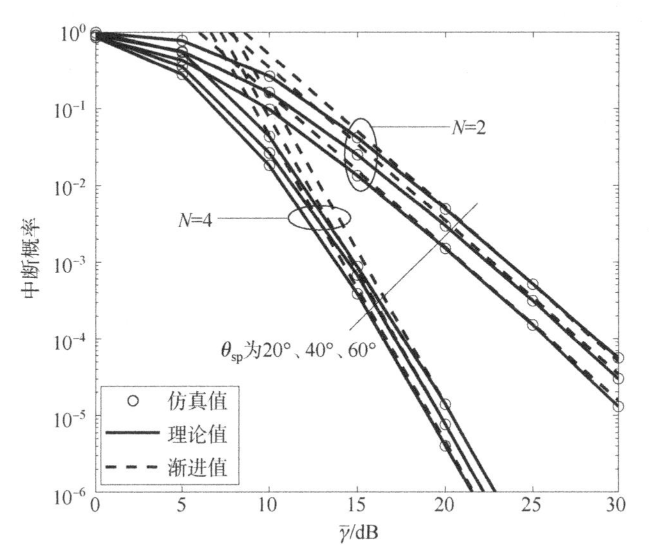

图 3-5　系统中断概率随 θ_{sp} 的变化曲线

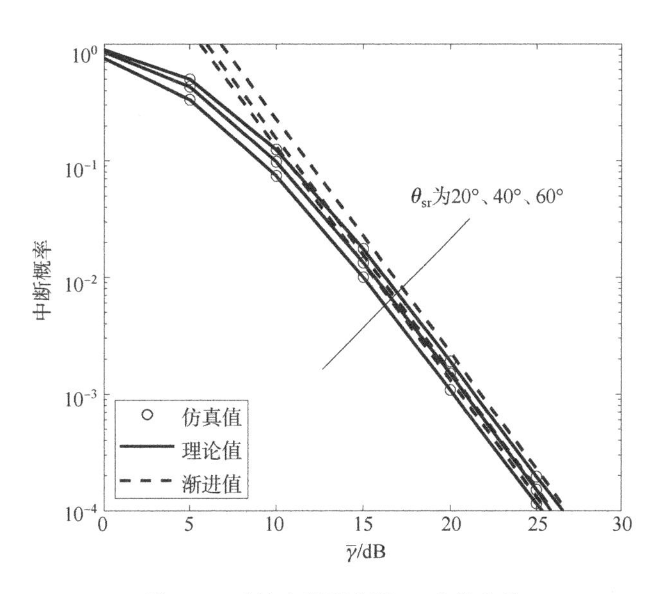

图 3-6　系统中断概率随 θ_{sr} 变化曲线

3.5 小　结

本章针对星地融合译码转发协同传输网络，首先推导了地面用户干扰约束下主卫星用户中断概率解析表达式，分析了关键参数对系统性能的影响。基于极限定理，进一步得到高信噪比下中断概率的渐进表达式，更加直观地反映出中继网络分集度和阵列增益与各参数之间的关系。仿真结果分析了中继站的天线数、卫星到主用户链路和卫星到地面中继站链路接收俯仰角、中继站到地面用户和中继节点到卫星用户信道衰落系数对地面用户干扰约束下的星地融合协同传输网络中断概率性能的影响，并证明系统分集度只取决于中继站配置天线数，接收俯仰角和信道衰落系数只影响系统阵列增益。

第4章 星地融合认知网络协同频谱共享方法

4.1 引言

受认知无线电技术的启发，兼容已经成熟应用的地面蜂窝网构成的星地融合认知网络，能够有效解决无线信道资源紧张与固定信道分配方式导致的卫星网络频谱利用率低下问题，同时更好地引导卫星通信网络向异构融合方向发展[66,67]。针对基于认知技术的星地融合网络架构，当地面网络用户以 Underlay 方式接入频谱时，必须考虑发射功率受限的因素[63]。一方面，地面网络需要预先估计卫星用户接收机处可以承受的最大干扰功率，进而严格控制发射功率低于卫星用户的干扰阈值，并基于此来判断是否可以接入授权频段；另一方面，考虑到地面蜂窝网功率受限的实际情况，地面基站发射功率不能超过发射机最大工作限度[68]。在基于 Overlay 频谱共享方式中，次级地面用户在完成自身通信的同时协同传输主卫星用户信息[64]。此外，次级地面网络中的次级发射机在检测主卫星网络的反馈信道状态信息时，需要考虑到主用户占用授权频段时随机性、时变性和路径损耗等因素的影响[71]。

近年来，认知无线电技术在地面无线通信网络已经取得了较为丰硕的研究成果，但在卫星通信领域的进展却非常有限。在现有工作中，考虑主卫星用户干扰阈值约束，文献［68］提出了星地融合认知网络下行链路基于次级地面网络传输速率最大化准则下的功率分配方案。进一步，文献［69］将其结论扩展到上行场景，提出了一种主卫星网络容量最大化准则下的最优功率分配方案。此外，文献［70］提出了一种适用于认知星地融合网络的联合功率、载波、带宽的资源分配方案。综上所述，尽管认知无线电技术在星地融合领域的研究正在逐步开展，但目前仍然缺乏该体系架构下各独立系统性能指标的理论分析（主要包括次级用户中断概率、次级用户对主用户干扰概率、主用户保护间隔等）以及主次网络性能指标与各系统关键参数之间的关系（主要包括干扰温度约束、干扰链路信道衰落程度、主次网络发射功率等）。相对于传统的地面认知无线网络，星地融合认知网络干扰场景更加复杂、信道环境更加特殊、影响系统性能的因素更多。因此，针对星地融合认知网络，从工程设计的角度出发，对频谱共享下主次网络的关键性能指标展开全面的研究是十分必要的。通过推导星地融合网络主次用户的重要性能指标以及分析与系统关键参数之间的关系，将为设计高速率高可靠性的星地融合认知传输网络提供参考依据。本章针对卫星融合认知传输网络具体展开以下研究。

(1) 在联合考虑主卫星网络干扰温度和次级地面网络最大发射功率限制条件下，推导了次级地面用户中断概率的解析表达式。通过推导平均功率和峰值功率约束条件下次级地面系统中断概率的高阶表达式，得到次级地面用户的分集度和编码增益。

(2) 基于地面基站分布随机特性、卫星用户接收天线俯仰和水平面增益模型、干扰链路路径损耗和衰落强度等因素，进一步推导卫星用户接收到的干扰功率强度的统计特性。在此基础上，进一步得到在保证网络间干扰效应预设阈值条件下卫星用户的最小保护间隔，为星地融合认知网络架构下的系统布局提供参考和依据。

(3) 通过仿真验证理论推导的正确性，并定量分析主网络和次级网络发射端天线数、卫星干扰链路阴影效应对次级用户性能的影响。首先，分别考虑可变和固定干扰温度约束场景，基于高信噪比渐进表达式进一步验证次级地面系统所能获得的分集度和性能极限。其次，分析基站分布区域范围、干扰阈值、基站到卫星干扰链路俯仰角和方位角等参数对认知场景下卫星用户的影响。

4.2 系统模型

对于如图 4-1 所示的星地融合认知传输网络，其中主用户网络通过 Underlay 模式与次级地面网络共享频谱资源，且所有节点均配置单根天线。假设系统中所有节点均配置单根天线，那么次级地面用户接收到的信号可以表示为

$$y_d(t) = \sqrt{P_s}h_{ss}x(t) + \sqrt{P_p}g_{ps}s(t) + n(t) \tag{4-1}$$

式中，P_s 和 P_p 分别为地面基站和卫星的发射功率；$x(t)$ 和 $s(t)$ 为分别对应地面基站和卫星的发射信号，且满足 $E[|x(t)|^2]=1$ 和 $E[|s(t)|^2]=1$；h_{ss} 表示地面基站到次级地面用户的信道衰落系数；g_{ps} 为卫星到次级地面用户干扰链路信道衰落系数；$n(t)$ 为次级地面用户处均值为 0、方差为 σ^2 的噪声信号。

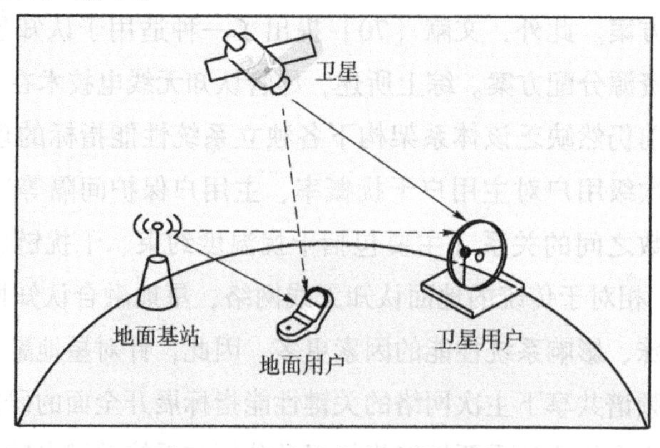

图 4-1　星地融合认知传输网络

在 Underlay 频谱共享方式下，次级地面用户的发射功率一方面需要满足干扰温度限制，使其对主卫星用户的干扰功率低于预定的阈值 Q；另一方面需要考虑自身所允许的最大发射功率限制，即

$$P_s = \min\left(\frac{Q}{|h_{\mathrm{sp}}|^2}, P_t\right) \tag{4-2}$$

式中，h_{sp} 为地面基站到主卫星用户的信道衰落系数。

经过必要的数学计算，可以得到次级地面网络的接收信干噪比表达式为

$$\gamma_d = \frac{P_s\ |h_{ss}|^2}{P_I\ |g_{ps}|^2 + \sigma^2} = \frac{\overline{\gamma}_s\ |h_{ss}|^2}{\overline{\gamma}_p\ |g_{ps}|^2 + 1} \tag{4-3}$$

式中，$\overline{\gamma}_s = P_s/\sigma^2$，$\overline{\gamma}_p = P_p/\sigma^2$ 分别表示各链路的平均 SNR。

4.3 地面用户性能

本节基于前面给出的系统模型对地面用户性能进行详细推导分析。首先研究地面用户中断概率性能；然后在高信噪比的条件下分析中断概率的渐进表达式，得到系统分集度和编码增益性能指标。

4.3.1 地面用户中断概率

根据定义可知，中断概率即为系统接收信噪比或信干噪比低于预设阈值 γ_{th} 的概率，可表示为

$$P_{\mathrm{out}}(\gamma_d \leqslant \gamma_{\mathrm{th}}) = F_{\gamma_d}(\gamma_{\mathrm{th}}) \tag{4-4}$$

式中，$F_{\gamma_d}(x)$ 表示 γ_d 的累积分布函数。

利用式（4-3）及条件概率理论，$F_{\gamma_d}(x)$ 可以表示为

$$F_{\gamma_d}(x) = \Pr\left(\frac{\overline{\gamma}_s X_{ss}}{\overline{\gamma}_p Y_{ps} + 1} \leqslant x\right) = \int_0^{\infty} F_{\overline{\gamma}_s X_{ss}}[x(\overline{\gamma}_p y + 1)] f_{Y_{ps}}(y)\mathrm{d}y \tag{4-5}$$

考虑 $g_k(k \triangleq pp, ps)$ 服从 Shadowed-Rician 分布，则 $Y_k = |g_k|^2(k \triangleq pp, ps)$ 的概率密度函数为

$$f_{Y_k}(x) = \alpha_k \exp(-\beta_k x)\,{}_1F_1(m_k;1;\delta_k x) \tag{4-6}$$

同时，假设地面网络各链路服从 Nakagami-m 分布，那么随机变量 $X_i = |h_i|^2(i \triangleq ss, sp)$ 的概率密度函数为

$$f_{X_i}(x) = \frac{\varepsilon_i^{m_i} x^{m_i - 1}}{\Gamma(m_i)} \exp(-\varepsilon_i x) \tag{4-7}$$

式（4-6）和式（4-7）中的各信道参数在前面已经定义。

下面，首先计算 $F_{\overline{\gamma}_s X_{ss}}(x)$ 的结果。基于式（4-3），可得

$$\overline{\gamma}_s X_{ss}=\frac{P_s}{\sigma^2}X_{ss}=\min\left(\frac{Q}{|h_{\mathrm{sp}}|^2\sigma^2},\frac{P_t}{\sigma^2}\right)=\min\left(\frac{\overline{\gamma}_Q}{|h_{\mathrm{sp}}|^2},\overline{\gamma}_t\right)X_{ss} \tag{4-8}$$

式中，$\overline{\gamma}_Q=Q/\sigma^2$，$\overline{\gamma}_t=P_t/\sigma^2$。

对于任意两个随机遍历 A 和 B，若 $B\geqslant A$，则 $\min(A,B)=A$；若 $A\geqslant B$，则 $\min(A,B)=B$。那么，$\overline{\gamma}_s X_{ss}$ 的累积分布函数可表示为

$$F_{\overline{\gamma}_s X_{ss}}(x)=\Pr\left(\overline{\gamma}_t X_{ss}\leqslant x,\overline{\gamma}_t\leqslant\frac{\overline{\gamma}_Q}{|h_{\mathrm{sp}}|^2}\right)+\Pr\left(\frac{\overline{\gamma}_Q}{|h_{\mathrm{sp}}|^2}X_{ss}\leqslant x,\overline{\gamma}_t>\frac{\overline{\gamma}_Q}{|h_{\mathrm{sp}}|^2}\right) \tag{4-9}$$

利用条件概率公式，可将 $F_{\overline{\gamma}_s X_{ss}}(x)$ 表示为

$$F_{\overline{\gamma}_s X_{ss}}(x)=\underbrace{\int_0^{\overline{\gamma}_Q/\overline{\gamma}_t}F_{X_{ss}}\left(\frac{x}{\overline{\gamma}_t}\right)f_{X_{\mathrm{sp}}}(y)\,\mathrm{d}y}_{I_1}+\underbrace{\int_{\overline{\gamma}_Q/\overline{\gamma}_t}^{\infty}F_{X_{ss}}\left(\frac{xy}{\overline{\gamma}_Q}\right)f_{X_{\mathrm{sp}}}(y)\,\mathrm{d}y}_{I_2} \tag{4-10}$$

式中，$F_{X_{ss}}(x)$ 为 X_{ss} 的累积分布函数。

利用式（4-7）和文献［96］中的积分公式（3.352.1），可得

$$F_{X_{ss}}(x)=\frac{\gamma(m_{ss},\varepsilon_{ss}x)}{\Gamma(m_{ss})}=1-\exp(-\varepsilon_{ss}x)\sum_{k=0}^{m_{ss}-1}\frac{(\varepsilon_{ss}x)^k}{\Gamma(k+1)} \tag{4-11}$$

式中，$\gamma(\cdot,\cdot)$ 表示不完全 Gamma 函数[96]。

结合式（4-11）和式（4-6）并利用文献［96］中的积分公式（4.451.1）和式（4.451.2），式（4-10）中的积分 I_1 和 I_2 可以计算如下：

$$\begin{aligned}I_1&=\exp\left(-\frac{\varepsilon_{ss}x}{\overline{\gamma}_t}\right)\sum_{k=0}^{m_{ss}-1}\frac{1}{\Gamma(k+1)}\left(\frac{\varepsilon_{ss}x}{\overline{\gamma}_t}\right)^k F_{X_{\mathrm{sp}}}\left(\frac{\overline{\gamma}_Q}{\overline{\gamma}_t}\right)\\&=\exp\left(-\frac{\varepsilon_{ss}x}{\overline{\gamma}_t}\right)\sum_{k=0}^{m_{ss}-1}\frac{1}{\Gamma(k+1)}\left(\frac{\varepsilon_{ss}x}{\overline{\gamma}_t}\right)^k\frac{\gamma(m_{\mathrm{sp}},\varepsilon_{\mathrm{sp}}\overline{\gamma}_Q/\overline{\gamma}_t)}{\Gamma(m_{\mathrm{sp}})}\end{aligned} \tag{4-12}$$

和

$$\begin{aligned}I_2&=\sum_{k=0}^{m_{ss}-1}\frac{1}{\Gamma(k+1)}\left(\frac{\varepsilon_{ss}x}{\rho_Q}\right)^k\frac{\varepsilon_{\mathrm{sp}}^{m_{\mathrm{sp}}}}{\Gamma(m_{\mathrm{sp}})}\int_{\rho_Q/\rho_t}^{\infty}y^{k+m_{\mathrm{sp}}-1}\exp\left(-\left(\frac{\varepsilon_{ss}x}{\rho_Q}+\varepsilon_{\mathrm{sp}}\right)y\right)\mathrm{d}y\\&=\sum_{k=0}^{m_{ss}-1}\frac{1}{\Gamma(k+1)}\left(\frac{\varepsilon_{ss}x}{\overline{\gamma}_Q}\right)^k\frac{\varepsilon_{\mathrm{sp}}^{m_{\mathrm{sp}}}}{\Gamma(m_{\mathrm{sp}})}\exp\left(-\frac{\overline{\gamma}_Q}{\overline{\gamma}_t}\left(\frac{\varepsilon_{ss}x}{\overline{\gamma}_Q}+\varepsilon_{\mathrm{sp}}\right)\right)\\&\quad\cdot\sum_{n=0}^{k+m_{\mathrm{sp}}-1}\frac{\Gamma(k+m_{\mathrm{sp}})}{\Gamma(n+1)}\left(\frac{\overline{\gamma}_Q}{\overline{\gamma}_t}\right)^n\left(\frac{\varepsilon_{ss}x}{\overline{\gamma}_Q}+\varepsilon_{\mathrm{sp}}\right)^{-(k+m_{\mathrm{sp}}-n)}\end{aligned} \tag{4-13}$$

将式（4-12）和式（4-13）代入式（4-10），经过一些必要的代数运算可得

$$F_{\overline{\gamma}_s X_{ss}}(x)=1-\exp\left(-\frac{\varepsilon_{ss}x}{\overline{\gamma}_t}\right)\sum_{k=0}^{m_{ss}-1}\frac{1}{\Gamma(k+1)}\left(\frac{\varepsilon_{ss}x}{\overline{\gamma}_t}\right)^k\left[\frac{\gamma(m_{\mathrm{sp}},\varepsilon_{\mathrm{sp}}\overline{\gamma}_Q/\overline{\gamma}_t)}{\Gamma(m_{\mathrm{sp}})}\right.$$

$$+\frac{\varepsilon_{\mathrm{sp}}^{m_{\mathrm{sp}}}}{\Gamma(m_{\mathrm{sp}})}\exp\left(-\frac{\varepsilon_{\mathrm{sp}}\overline{\gamma}_Q}{\overline{\gamma}_t}\right)\sum_{n=0}^{k+m_{\mathrm{sp}}-1}\frac{\Gamma(k+m_{\mathrm{sp}})}{\Gamma(n+1)}\left(\frac{\overline{\gamma}_Q}{\overline{\gamma}_t}\right)^n\left(\frac{\varepsilon_{ss}x}{\overline{\gamma}_Q}+\varepsilon_{\mathrm{sp}}\right)^{-(k+m_{\mathrm{sp}}-n)}\Bigg] \tag{4-14}$$

定理 4.1　次级地面网络中断概率的解析表达式为

$$\begin{aligned}F_{\gamma_d}(x)=1&-\frac{\alpha_{ps}}{\Gamma(m_{ps})\Gamma(m_{\mathrm{sp}})}\exp\left(-\frac{\varepsilon_{ss}x}{\overline{\gamma}_t}\right)\sum_{k=0}^{m_{ss}-1}\frac{1}{\Gamma(k+1)}\left(\frac{\varepsilon_{ss}x}{\overline{\gamma}_t}\right)^k\\&\cdot\sum_{q=0}^{k}\binom{k}{q}\frac{\overline{\gamma}_I^q}{\xi^{q+1}}\left[\gamma\left(m_{\mathrm{sp}},\frac{\varepsilon_{\mathrm{sp}}\overline{\gamma}_Q}{\overline{\gamma}_t}\right)G_{2,2}^{1,2}\left[-\frac{\delta_{ps}}{\xi}\middle|\begin{matrix}-q,1-m_{ps}\\0,0\end{matrix}\right]\right.\\&+\frac{\varepsilon_{\mathrm{sp}}^{m_{\mathrm{sp}}}}{\Gamma(m_{\mathrm{sp}})}\exp\left(-\frac{\varepsilon_{\mathrm{sp}}\overline{\gamma}_Q}{\overline{\gamma}_t}\right)\sum_{n=0}^{k+m_{\mathrm{sp}}-1}\frac{\Gamma(k+m_{\mathrm{sp}})}{\Gamma(n+1)}\left(\frac{\overline{\gamma}_Q}{\overline{\gamma}_t}\right)^n\\&\left.\cdot\frac{\theta^{-(k+m_{\mathrm{sp}}-n)}}{\Gamma(\eta)}G_{1,[1:1],0,[1:2]}^{1,1,1,1,1}\left[\begin{matrix}\frac{\varepsilon_{ss}x}{\theta\xi\overline{\gamma}_Q}\\-\frac{\delta_{ps}}{\xi}\end{matrix}\middle|\begin{matrix}q+1\\1-\eta;1-m_{ps}\\--\\0;0,0\end{matrix}\right]\right]\end{aligned} \tag{4-15}$$

式中，$\xi=\varepsilon_{ss}\overline{\gamma}_p x/\overline{\gamma}_t+\beta_{ps}$，$\theta=\varepsilon_{ss}\overline{\gamma}_p x/\overline{\gamma}_Q+\varepsilon_{\mathrm{sp}}$，$\eta=k+m_{\mathrm{sp}}-n$。

证明：将式（4-14）和式（4-6）代入式（4-5）并利用二项式定理，可得

$$\begin{aligned}F_{\gamma_d}(x)=1&-\frac{\alpha_{ps}}{\Gamma(m_{\mathrm{sp}})}\exp\left(-\frac{\varepsilon_{ss}x}{\rho_t}\right)\sum_{k=0}^{m_{ss}-1}\frac{1}{\Gamma(k+1)}\left(\frac{\varepsilon_{ss}x}{\rho_t}\right)^k\sum_{q=0}^{k}\binom{k}{q}\rho_I^q\\&\cdot\left[\frac{\gamma(m_{\mathrm{sp}},\varepsilon_{\mathrm{sp}}\rho_Q/\rho_t)}{\Gamma(m_{\mathrm{sp}})}\underbrace{\int_0^\infty y^q\exp\left(-\beta_{ps}y-\frac{\varepsilon_{ss}xy}{\rho_t}\right){}_1F_1(m_{ps};1;\delta_{ps}y)\,\mathrm{d}y}_{I_3}\right.\\&+\varepsilon_{\mathrm{sp}}^{m_{\mathrm{sp}}}\exp\left(-\frac{\varepsilon_{\mathrm{sp}}\rho_Q}{\rho_t}\right)\sum_{n=0}^{k+m_{\mathrm{sp}}-1}\frac{\Gamma(k+m_{\mathrm{sp}})}{\Gamma(n+1)}\left(\frac{\rho_Q}{\rho_t}\right)^n\\&\left.\cdot\underbrace{\int_0^\infty y^q\exp\left(-\beta_{ps}y-\frac{\varepsilon_{ss}xy}{\rho_t}\right)\left(\frac{\varepsilon_{ss}x(y+1)}{\rho_Q}+\varepsilon_{\mathrm{sp}}\right)^{-(k+m_{\mathrm{sp}}-n)}{}_1F_1(m_{ps};1;\delta_{ps}y)\,\mathrm{d}y}_{I_4}\right]\end{aligned} \tag{4-16}$$

式（4-16）中的积分无法通过直接的推导得到，下面提出一种基于 Meijer-G 函数的推导方法。为了求得 I_3，利用文献［96］中的式（8.455.1），将合流超几何函数 ${}_1F_1(m_{ps};1;\delta_{ps}y)$ 转换为

$${}_1F_1(m_{ps};1;\delta_{ps}y)=\frac{1}{\Gamma(m_{ps})}G_{1,2}^{1,1}\left[-\delta_{ps}y\middle|\begin{matrix}1-m_{ps}\\0,0\end{matrix}\right] \tag{4-17}$$

利用式（4-17）和文献［102］中的积分公式（7.815.2），可得

$$I_3 = \frac{1}{\Gamma(m_{ps})}\int_0^{\infty} y^q \exp(-\xi y) G_{1,2}^{1,1}\left[-\delta_{ps} y \middle| \begin{matrix} 1-m_{ps} \\ 0,0 \end{matrix}\right] \mathrm{d}y$$

$$= \frac{\xi^{-q-1}}{\Gamma(m_{ps})} G_{2,2}^{1,2}\left[-\frac{\delta_{ps}}{\xi} \middle| \begin{matrix} -q, 1-m_{ps} \\ 0,0 \end{matrix}\right] \tag{4-18}$$

对于式（4-16）中的积分 I_4，利用文献［102］中的式（10）和式（11），将函数 $\exp(-\xi y)$ 和 $(\varepsilon_{ss} xy/\overline{\gamma}_Q + \theta)^{-\eta}$ 表示为

$$\exp(-\xi y) = G_{01}^{1,0}\left[\xi y \middle| \begin{matrix} - \\ 0 \end{matrix}\right] \tag{4-19}$$

和

$$\left(\frac{\varepsilon_{ss} xy}{\overline{\gamma}_Q} + \theta\right)^{-\eta} = \frac{1}{\Gamma(\eta)\theta^{\eta}} G_{1,1}^{1,1}\left[\frac{\varepsilon_{ss} xy}{\overline{\gamma}_Q \theta} \middle| \begin{matrix} 1-\eta \\ 0 \end{matrix}\right] \tag{4-20}$$

利用（4-19）、式（4-20）和文献［104］中的式（3.1），可得

$$I_4 = \frac{1}{\Gamma(m_{ps})} \frac{\theta^{-(k+m_{sp}-n)}}{\Gamma(\eta)} \int_0^{\infty} y^q \exp(-\xi y) G_{1,1}^{1,1}\left[\frac{\varepsilon_{ss} xy}{\rho_Q \theta} \middle| \begin{matrix} 1-\eta \\ 0 \end{matrix}\right] G_{1,2}^{1,1}\left[-\delta_{ps} y \middle| \begin{matrix} 1-m_{ps} \\ 0,0 \end{matrix}\right] \mathrm{d}y$$

$$= \frac{\xi^{-(q+1)}}{\Gamma(m_{ps})\Gamma(\eta)\theta^{\eta}} G_{1,[1:1],0,[1:2]}^{1,1,1,1,1}\left[\begin{matrix} \dfrac{\varepsilon_{ss} x}{\theta \xi \rho_Q} \\ - \dfrac{\delta_{ps}}{\xi} \end{matrix} \middle| \begin{matrix} q+1 \\ 1-\eta; 1-m_{ps} \\ -- \\ 0;0,0 \end{matrix}\right] \tag{4-21}$$

将式（4-18）和式（4-21）的结果代入式（4-16），可获得系统的中断概率表达式（4-15）。

需要指出的是，上述推导的理论表达式适用于不同卫星用户干扰温度、地面网络发射功率和信道衰落系数等参数，同时可以通过 Mathematic-Maple 等仿真软件快速计算得到，为提高星地融合认知网络地面用户的性能提供了快速有效的手段。为了更加直观地体现系统性能与关键参数的关系，4.3.2 节将进一步分析高信噪比条件下地面用户的渐进中断概率性能。

4.3.2 地面用户渐进中断概率

尽管定理 4-1 给出了评估星地融合认知传输网络中断概率的理论分析方法，但是这些表达式过于复杂而无法提供更为直观的发现。因此，下面通过推导中断概率的高信噪比近似公式，进一步揭示次级地面网络所能获得分集增益和编码增益。不失一般性，本节考虑两种场景：场景 1，主卫星用户的干扰温度可变，即 $\mu = \overline{\gamma}_Q / \overline{\gamma}_t$；场景 2，主卫星用户的干扰温度固定。

定理 4.2　当主卫星用户的干扰温度可变时，次级地面网络中断概率的渐进解为

$$P_{\text{out}}^{\infty}(\gamma_{\text{th}}) \approx \Upsilon\left(\frac{\gamma_{\text{th}}}{\overline{\gamma}_t}\right)^{m_{ss}} \tag{4-22}$$

其中，

$$\Upsilon = \left[\frac{\gamma(m_{\text{sp}},\mu\varepsilon_{\text{sp}})}{\Gamma(m_{\text{sp}})\Gamma(m_{ss}+1)} + \frac{\Gamma(m_{ss}+m_{\text{sp}},\mu\varepsilon_{\text{sp}})}{\Gamma(m_{\text{sp}})\Gamma(m_{ss}+1)\,(\mu\varepsilon_{\text{sp}})^{m_{ss}}}\right] \cdot \frac{\alpha_{ps}\overline{\gamma}_p{}^{k}}{\Gamma(m_{ps})\beta_{ps}^{k+1}}\sum_{k=0}^{m_{ss}}\binom{m_{ss}}{k} G_{2,2}^{1,2}\left[-\delta_{ps}\left|\begin{matrix}-k,1-m_{ps}\\0,0\end{matrix}\right.\right]\varepsilon_{ss}^{m_{ss}} \tag{4-23}$$

证明：利用文献［96］中式（8.454.2）对不完全 Gamma 函数的级数展开式近似，可得

$$\gamma(m_i,\varepsilon_i x) = (\varepsilon_i x)^{m_i}\sum_{n=0}^{\infty}\frac{(-1)^n(\varepsilon_i x)^n}{n!\,(m_i+n)} \overset{x\to 0}{\approx} \frac{(\varepsilon_i x)^{m_i}}{m_i} \tag{4-24}$$

利用式（4-24）对式（4-11）进行简化处理，可得到

$$F_{X_i}^{\infty}(x) = \frac{(\varepsilon_i x)^{m_i}}{\Gamma(m_i+1)} \tag{4-25}$$

利用式（4-8）可以得到 $F_{\overline{\gamma}_s X_{ss}}^{\infty}(x)$ 在高信噪比条件下计算表达式为

$$F_{\overline{\gamma}_s X_{ss}}^{\infty}(x) = 1 - \underbrace{\int_0^{\mu}\left[1 - F_{X_{ss}}^{\infty}\left(\frac{x}{\overline{\gamma}_t}\right)\right] f_{X_{\text{sp}}}(y)\,\mathrm{d}y}_{\widetilde{I}_1} - \underbrace{\int_{\mu}^{\infty}\left[1 - F_{X_{ss}}^{\infty}\left(\frac{x}{\mu\overline{\gamma}_t}y\right)\right] f_{X_{\text{sp}}}(y)\,\mathrm{d}y}_{\widetilde{I}_2} \tag{4-26}$$

将式（4-25）和式（4-7）代入式（4-26）并利用文献［96］中的式（3.352.1）和式（3.352.2），可分别求得

$$\widehat{I}_1 \approx \frac{\gamma(m_{\text{sp}},\mu\varepsilon_{\text{sp}})}{\Gamma(m_{\text{sp}})\Gamma(m_{ss}+1)}\left(\frac{\varepsilon_{ss}x}{\overline{\gamma}_t}\right)^{m_{ss}} \tag{4-27}$$

和

$$\widehat{I}_2 \approx \frac{\Gamma(m_{ss}+m_{\text{sp}},\mu\varepsilon_{\text{sp}})}{\Gamma(m_{\text{sp}})\Gamma(m_{ss}+1)}\left(\frac{\varepsilon_{ss}x}{\mu\varepsilon_{\text{sp}}\overline{\gamma}_t}\right)^{m_{ss}} \tag{4-28}$$

利用式（4-27）和式（4-28）再经过必要的数学变换，可得到

$$F_{\overline{\gamma}_s X_{ss}}^{\infty}(x) \approx \left[\frac{\gamma(m_{\text{sp}},\mu\varepsilon_{\text{sp}})}{\Gamma(m_{\text{sp}})\Gamma(m_{ss}+1)} + \frac{\Gamma(m_{ss}+m_{\text{sp}},\mu\varepsilon_{\text{sp}})}{\Gamma(m_{\text{sp}})\Gamma(m_{ss}+1)\,(\mu\varepsilon_{\text{sp}})^{m_{ss}}}\right]\left(\frac{\varepsilon_{ss}x}{\overline{\gamma}_t}\right)^{m_{ss}} \tag{4-29}$$

将式（4-29）和式（4-6）代入式（4-25）并利文献［96］中的式（7.815-2），可得高信噪比条件下中断概率的渐进解如式（4-22）所示。

推论 4.1 根据文献［110］可知，在高信噪比条件下，次级地面用户中断概率表达式为 $P_{\text{out}}^{\infty}(\gamma_{\text{th}}) \approx (G_c\overline{\gamma}_t)^{-G_{\text{d}}}$，其中 G_{d} 和 G_{c} 分别为分集度和编码增益。因此，由定理 4-1 可知，当主卫星用户干扰温度可变时，系统分集度为 $G_{\text{d}} = m_{ss}$，编码增益为 $G_c = \Upsilon^{-m_{ss}^{-1}}/\gamma_{\text{th}}$。从上面的结论可知，卫星到次级地面用户的干扰链路对系统的分集增益没有影响，仅改变系统的编码增益。

定理 4.3 当主卫星用户的干扰温度固定时，次级地面网络中断概率的渐进解为

$$P_{\text{out}}^{\infty}(\gamma_{\text{th}}) \approx \Theta\left(\frac{\gamma_{\text{th}}}{\rho_t}\right)^{m_{ss}} + \Xi\left(\frac{\gamma_{\text{th}}}{\rho_Q}\right)^{m_{ss}} \tag{4-30}$$

其中，

$$\Theta = \frac{\gamma(m_{\text{sp}},\varepsilon_{\text{sp}}\overline{\gamma}_Q/\overline{\gamma}_t)\varepsilon_{ss}^{m_{ss}}}{\Gamma(m_{\text{sp}})\Gamma(m_{ss}+1)}\frac{\alpha_{ps}\overline{\gamma}_I^k}{\Gamma(m_{ps})\beta_{ps}^{k+1}}\sum_{k=0}^{m_{ss}}\binom{m_{ss}}{k}G_{2,2}^{1,2}\left[-\delta_{ps}\left|\begin{matrix}-k,1-m_{ps}\\0,0\end{matrix}\right.\right] \tag{4-31}$$

$$\Xi = \frac{\Gamma(m_{ss}+m_{\text{sp}},\varepsilon_{\text{sp}}\rho_Q/\rho_t)}{\Gamma(m_{\text{sp}})\Gamma(m_{ss}+1)}\left(\frac{\varepsilon_{ss}}{\varepsilon_{\text{sp}}}\right)^{m_{ss}}\frac{\alpha_{ps}\rho_I^k}{\Gamma(m_{ps})\beta_{ps}^{k+1}}\sum_{k=0}^{m_{ss}}\binom{m_{ss}}{k}G_{2,2}^{1,2}\left[-\delta_{ps}\left|\begin{matrix}-k,1-m_{ps}\\0,0\end{matrix}\right.\right] \tag{4-32}$$

证明： 当主卫星用户干扰温度固定时，$F_{\overline{\gamma}_s X_{ss}}^{\infty}(x)$ 可表示为

$$F_{\overline{\gamma}_s X_{ss}}^{\infty}(x) = \underbrace{\int_0^{\overline{\gamma}_Q/\overline{\gamma}_t} F_{X_{ss}}^{\infty}\left(\frac{x}{\overline{\gamma}_t}\right)f_{X_{\text{sp}}}(y)\,\mathrm{d}y}_{\breve{I}_1} + \underbrace{\int_{\overline{\gamma}_Q/\overline{\gamma}_t}^{\infty} F_{X_{ss}}^{\infty}\left(\frac{xy}{\overline{\gamma}_Q}\right)f_{X_{\text{sp}}}(y)\,\mathrm{d}y}_{\breve{I}_2} \tag{4-33}$$

利用计算式（4-27）和式（4-28）类似的方法，可分别得到

$$\breve{I}_1 \approx \frac{\gamma(m_{\text{sp}},\varepsilon_{\text{sp}}\overline{\gamma}_Q/\overline{\gamma}_t)}{\Gamma(m_{\text{sp}})\Gamma(m_{ss}+1)}\left(\frac{\varepsilon_{ss}x}{\overline{\gamma}_t}\right)^{m_{ss}} \tag{4-34}$$

和

$$\breve{I}_2 \approx \frac{\Gamma(m_{ss}+m_{\text{sp}},\varepsilon_{\text{sp}}\overline{\gamma}_Q/\overline{\gamma}_t)}{\Gamma(m_{\text{sp}})\Gamma(m_{ss}+1)}\left(\frac{\varepsilon_{ss}x}{\varepsilon_{\text{sp}}\overline{\gamma}_Q}\right)^{m_{ss}} \tag{4-35}$$

由式（4-34）和式（4-35），可得高信噪比条件下 $F_{\overline{\gamma}_s X_{ss}}^{\infty}(x)$ 的表达式为

$$F_{\overline{\gamma}_s X_{ss}}^{\infty}(x) \approx \left[\frac{\gamma(m_{\text{sp}},\varepsilon_{\text{sp}}\overline{\gamma}_Q/\overline{\gamma}_t)}{\Gamma(m_{\text{sp}})\Gamma(m_{ss}+1)}\left(\frac{\varepsilon_{ss}}{\overline{\gamma}_t}\right)^{m_{ss}} + \frac{\Gamma(m_{ss}+m_{\text{sp}},\varepsilon_{\text{sp}}\overline{\gamma}_Q/\overline{\gamma}_t)}{\Gamma(m_{\text{sp}})\Gamma(m_{ss}+1)}\left(\frac{\varepsilon_{ss}}{\varepsilon_{\text{sp}}\overline{\gamma}_Q}\right)^{m_{ss}}\right]x^{m_{ss}} \tag{4-36}$$

将式（4-36）和式（4-6）代入式（4-25）并利文献［96］中的式（3.352.3），可得到主卫星用户干扰功率固定情况下的渐进中断概率表达式（4-30）。

推论 4.2　由定理 4-2 可知，当主卫星用户干扰固定时，系统分集度为 0，而卫星到次级地面用户的干扰链路仅影响系统的编码增益。

4.4　卫星用户性能

前面分析了地面用户的性能，下面进一步分析在认知传输架构下卫星用户干扰概率和保护间隔。

4.4.1　卫星用户干扰概率

假设地面基站的分布位置服从内外半径分别为 R_0 和 R 环形区域内的均匀分布，并考虑信道衰落特性、地面基站和卫星用户收/发天线增益等参数，可得卫星用户接收到的干噪比表达式为

$$I = \frac{P_s G_t G_r(\varphi)\ |h_{\mathrm{sp}}|^2}{d^v \sigma^2} \tag{4-37}$$

式中，P_s 为地面基站发射功率；h_{sp} 为干扰链路服从 Nakagami-m 分布的信道衰落系数；d 为地面基站和卫星用户之间的距离；v 为路径损耗系数；σ^2 为噪声功率；G_t 为地面基站发射天线增益；$G_r(\varphi)$ 为卫星用户接收天线增益。

根据角度分布范围，$G_r(\varphi)$ 的计算公式为[118]

$$G_r(\varphi) = \begin{cases} G_{\max}, & 0° < \varphi \leqslant 1° \\ 32 \sim 25\log\varphi, & 1° < \varphi < 48° \\ -10, & 48° < \varphi < 180° \end{cases} \tag{4-38}$$

式（4-38）中距离波束中心的偏移角度为[119]

$$\varphi = \arccos(\cos(\alpha)\cos(\vartheta)) \tag{4-39}$$

式中，α 和 ϑ 分别为水平和垂直方向上的偏移角度。

基于式（4-38），图 4-2 给出了接收天线模型在三维空间的辐射方向图。

根据均匀分布的定义，d 的概率密度函数和累积分布函数表达式分别为

$$f_d(x) = \frac{2}{R^2 - R_0^2}x \tag{4-40}$$

$$F_d(x) = \frac{x^2 - R_0^2}{R^2 - R_0^2}, \qquad R_0 \leqslant x \leqslant R \tag{4-41}$$

考虑卫星用户干扰阈值为 I_{th}，其接收到干扰信号超过阈值的概率为

$$p_{\mathrm{out}} = \Pr(I \geqslant I_{\mathrm{th}}) = 1 - F_I(I_{\mathrm{th}}) \tag{4-42}$$

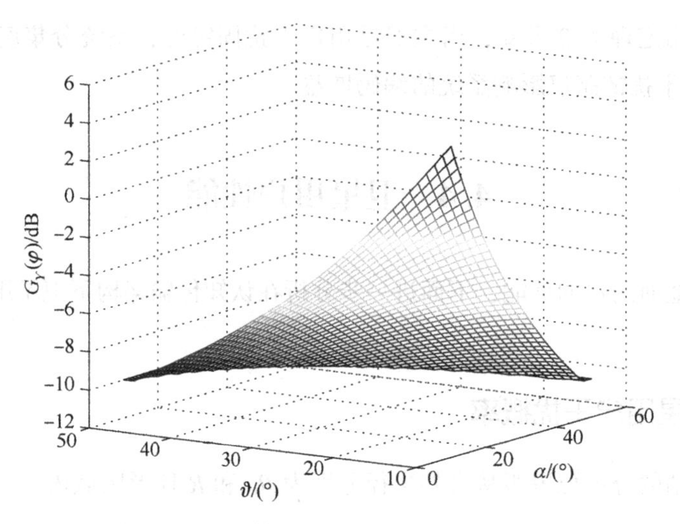

图 4-2　卫星用户接收天线三维空间辐射方向图

定理 4.4　卫星用户接收到干扰信号超过预定阈值 I_{th} 的概率为

$$p_{\text{out}}=\frac{2}{R^2-R_0^2}\sum_{k=0}^{m-1}\frac{1}{\Gamma(k+1)}\left(\frac{\varepsilon I_{\text{th}}}{G}\right)^k\left(\frac{\Gamma\left(\eta,\dfrac{\varepsilon I_{\text{th}}}{G}R_0^v\right)}{v\left(\dfrac{\varepsilon I_{\text{th}}}{G}\right)^\eta}-\frac{\Gamma\left(\eta,\dfrac{\varepsilon I_{\text{th}}}{G}R^v\right)}{v\left(\dfrac{\varepsilon I_{\text{th}}}{G}\right)^\eta}\right)\tag{4-43}$$

证明：令 $G=P_sG_t(\varphi)G_r(\beta)/\sigma^2$，$F_I(I_{\text{th}})$ 可以表示为

$$F_I(I_{\text{th}})=\Pr\left(\frac{G\,|h_{\text{sp}}|^2}{d^v}\leqslant I_{\text{th}}\right)=\Pr\left(\frac{|h_{\text{sp}}|^2}{d^v}\leqslant\frac{I_{\text{th}}}{G}\right)\tag{4-44}$$

将式（4-11）和式（4-40）代入式（4-44），进过必要的变换，可得到

$$\begin{aligned}F_I(I_{\text{th}})&=\int_{R_0}^{R}F_{X_{\text{sp}}}\left(\frac{I_{\text{th}}y^v}{G}\right)f_d(y)\,\mathrm{d}y\\&=\int_{R_0}^{R}\left[1-\exp\left(-\frac{\varepsilon_{\text{sp}}I_{\text{th}}y^v}{G}\right)\sum_{k=0}^{m_{\text{sp}}-1}\frac{1}{\Gamma(k+1)}\left(\frac{\varepsilon_{\text{sp}}I_{\text{th}}y^v}{G}\right)^k\right]\frac{2}{R^2-R_0^2}y\,\mathrm{d}y\\&=1-\frac{2}{R^2-R_0^2}\sum_{k=0}^{m_{\text{sp}}-1}\frac{1}{\Gamma(k+1)}\left(\frac{\varepsilon_{\text{sp}}I_{\text{th}}}{G}\right)^k\underbrace{\int_{R_0}^{R}y^{kv+1}\exp\left(-\frac{\varepsilon_{\text{sp}}I_{\text{th}}y^v}{G}\right)\mathrm{d}y}_{\Theta}\end{aligned}\tag{4-45}$$

利用积分区间变换，可以将 Θ 的表达式展开为

$$\Theta=\int_{R_0}^{\infty}y^{kv+1}\exp\left(-\frac{\varepsilon_{\text{sp}}I_{\text{th}}y^v}{\overline{\gamma}}\right)\mathrm{d}y-\int_{R}^{\infty}y^{kv+1}\exp\left(-\frac{\varepsilon_{\text{sp}}I_{\text{th}}y^v}{\overline{\gamma}}\right)\mathrm{d}y\tag{4-46}$$

利用文献［96］中的式（3.351.2），可得式（4-46）中的积分表达式为

$$\int_{R_0}^{\infty} y^{kv+1}\exp\left(-\frac{\varepsilon_{sp}I_{th}y^{v}}{\overline{\gamma}}\right)\mathrm{d}y=\frac{\Gamma\left(\eta,\frac{\varepsilon_{sp}I_{th}}{\overline{\gamma}}R_0^{v}\right)}{v\left(\frac{\varepsilon_{sp}I_{th}}{\overline{\gamma}}\right)^{\eta}} \tag{4-47}$$

和

$$\int_{R}^{\infty} y^{kv+1}\exp\left(-\frac{\varepsilon_{sp}I_{th}y^{v}}{\overline{\gamma}}\right)\mathrm{d}y=\frac{\Gamma\left(\eta,\frac{\varepsilon_{sp}I_{th}}{\overline{\gamma}}R^{v}\right)}{v\left(\frac{\varepsilon_{sp}I_{th}}{\overline{\gamma}}\right)^{\eta}} \tag{4-48}$$

式中，$\eta=(kv+2)/v$。

将式（4-47）和（4-48）代入式（4-45），并经过必要的代数运算，可得

$$F_I(I_{th})=1-\frac{2}{R^2-R_0^2}\sum_{k=0}^{m_{sp}-1}\frac{1}{\Gamma(k+1)}\left(\frac{\varepsilon_{sp}I_{th}}{G}\right)^{k}\cdot\left(\frac{\Gamma\left(\eta,\frac{\varepsilon_{sp}I_{th}}{G}R_0^{v}\right)}{v\left(\frac{\varepsilon_{sp}I_{th}}{G}\right)^{\eta}}-\frac{\Gamma\left(\eta,\frac{\varepsilon_{sp}I_{th}}{G}R^{v}\right)}{v\left(\frac{\varepsilon_{sp}I_{th}}{G}\right)^{\eta}}\right) \tag{4-49}$$

4.4.2　卫星用户保护间隔

在卫星用户设定干扰阈值 I_{th} 条件下，为了避免网络间干扰超过合理范围，引入了保护间隔的概念，即基站距离卫星用户满足阈值的最小距离。利用式（4-44）和反函数性质，可得

$$\varepsilon_{sp}\frac{d^{v}\gamma_{th}}{G}=F_{|h_{sp}|^2}^{-1}(x) \tag{4-50}$$

式中，$F_{|h|^2}^{-1}(x)$ 表示 $|h|^2$ 累积分布函数的反函数。

利用式（4-11），可得 $F_{X_{sp}}^{-1}(x)$ 的表达式为

$$F_{X_{sp}}^{-1}(x)=\Gamma(m_{sp})\gamma^{-1}(m_{sp},1-p_{out}) \tag{4-51}$$

式中，$\gamma^{-1}(\cdot,\cdot)$ 表示 Gamma 函数的反函数[96]。

此时，利用式(4-50)和式(4-51)，并经过必要的变换可以得到在卫星用户设定的干扰阈值 I_{th} 条件下，地面基站距离卫星用户满足阈值的最小距离为

$$D_p=\left(\frac{G\Gamma(m_{sp})\gamma^{-1}(m_{sp},1-p_{out})}{\varepsilon_{sp}I_{th}}\right)^{\frac{1}{v}} \tag{4-52}$$

4.5 仿真分析

本节首先通过 Matlab 进行 Monte Carlo 仿真验证上述理论分析的正确性；然后分析卫星网络和地面级网络的各种参数对次级地面用户性能的影响。同时，分析了卫星用户在给定干扰阈值条件下的干扰概率以及最小保护间隔。在仿真中，不失一般性，仿真参数设置为（若无特别强调）$\gamma_{th}=3$ dB，地面链路信道参数 $\Omega_{ss}=\Omega_{sp}=1$，噪声方差 $\sigma^2=1$。

4.5.1 地面用户性能

图 4-3 给出了主卫星用户固定干扰温度场景下，次级地面用户的中断概率性能曲线，其中卫星干扰链路的信道参数为 FHS 场景，$m_{sp}=1$，$P_p=5$ dB。为了对比分析，$Q=-\infty$的场景，即无主卫星用户干扰温度限制下的性能曲线也在图中给出。从仿真结果中可以看出：①无主卫星用户干扰温度限制的次级网络中断概率明显低于采用固定干扰温度约束的情况，表明在存在干扰温度限制的场景下，次级网络中基站的发射功率由所允许的最大发射功率和干扰温度限制条件共同决定；②在高信噪比范围，次级用户出现了“中断平台”效应，这表明在信噪比较高时，地面基站的实际发射功率由干扰温度决定；③当主卫星用户干扰温度值逐渐增大，次级地面用户的中断概率随之改善，同时“中断平台”也逐渐降低，这是由于较大的 Q 值表明主卫星用户能承受更大的干扰，相应的允许次级地面网络发射功率增加。

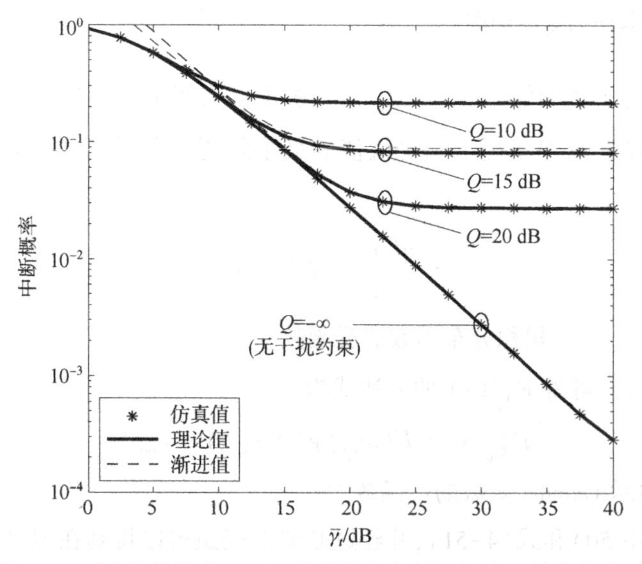

图 4-3　固定干扰温度下次级地面用户中断概率随 Q 的变化曲线

图 4-4 分析了主卫星用户干扰固定的情况下，次级地面网络干扰链路信道衰落程度对次级地面用户性能的影响。从图中不难发现，次级网络到主卫星用户干扰链路信道质量越好，次级地面用户的中断概率越低，且这种性能提升在次级网络信道质量越好时越显著。此

外，“中断平台”效应的出现点与次级网络信道参数以及次级网络到主卫星用户干扰链路信道参数无关。

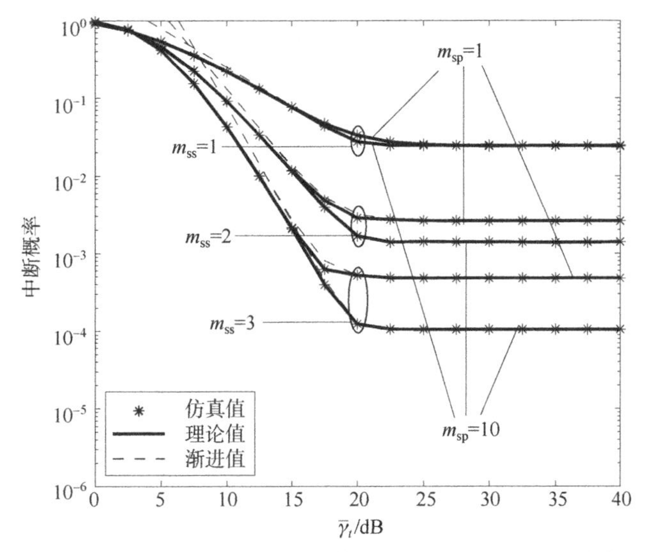

图 4-4　固定干扰温度下次级地面用户中断概率随 m_{ss} 和 m_{sp} 的变化曲线

图 4-5 给出了主卫星用户可变干扰温度下，次级地面用户的中断概率性能曲线随次级网络信道衰落系数 m_{ss} 和主卫星网络干扰功率 P_p 变化曲线，其中卫星干扰链路的信道参数为 FHS 场景，$m_{sp}=1$。从仿真结果中可以看出：①理论表达式与 Monte Carlo 仿真结果一致，表明理论推导的精确性；②次级地面用户的中断概率随 m_{ss} 的增加而逐渐降低，而且随着 m_{ss} 的增加，高信噪比渐进曲线的斜率逐渐增大，证明次级地面网络所获得的分集度得到提升，这些现象都与之前的理论分析结果相吻合；③相比与主用户固定干扰温度的情况，可变干扰温度下次级地面用户没有出现“中断平台”效应，这是由于在可变干扰温度约束下，阈值随基站发射功率的增加而增大，即主卫星用户可接受的干扰阈值也在增大；④主卫星网络干扰的增加只通过减小编码增益来使次级用户中断性能恶化，而不会影响次级网络的分集度。

图 4-6 分析了可变干扰温度下次级网络干扰链路衰落系数 m_{sp} 对次级地面用户性能的影响，其中卫星干扰链路的信道参数为 FHS 场景，$P_p=5$ dB。从图中可以看出，次级网络干扰链路对次级地面用户性能的影响大小依赖于次级网络链路质量的好坏，这与固定干扰温度场景下的结论一致。

图 4-7 分析了固定和可变两种干扰温度下卫星干扰链路信道参数对次级地面用户中断概率的影响，其中 $Q=20$ dB，$P_p=5$ dB。不难发现，卫星干扰链路的阴影效应越强，次级地面用户的中断概率越低，这是由于阴影效应越强对应的干扰链路质量越差。在干扰链路直达径受到较强遮蔽的情况下，次级地面用户处接收到的卫星干扰信号就越弱。此外，在低信噪比和中等信噪比区域，固定干扰温度下次级地面用户的性能优于可变干扰温度，但在高信噪比区域，由于“中断平台”效应，可变干扰温度场景下系统性能优于固定干扰温度。

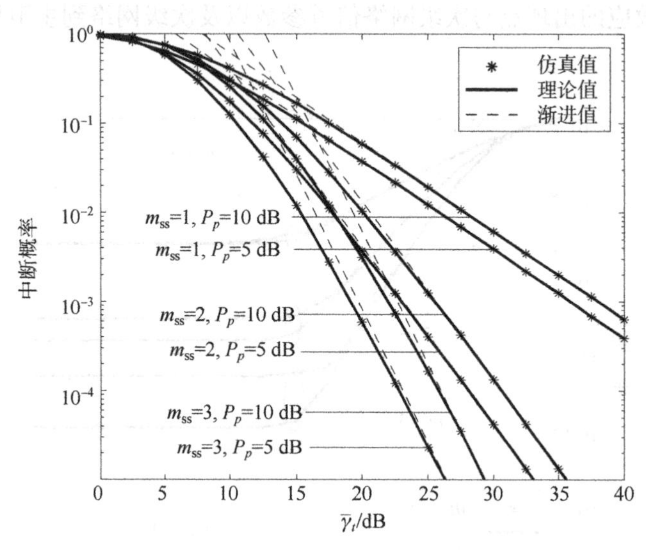

图 4-5　可变干扰温度下次级地面用户中断概率随衰减系数 m_{ss} 和 P_p 的变化曲线

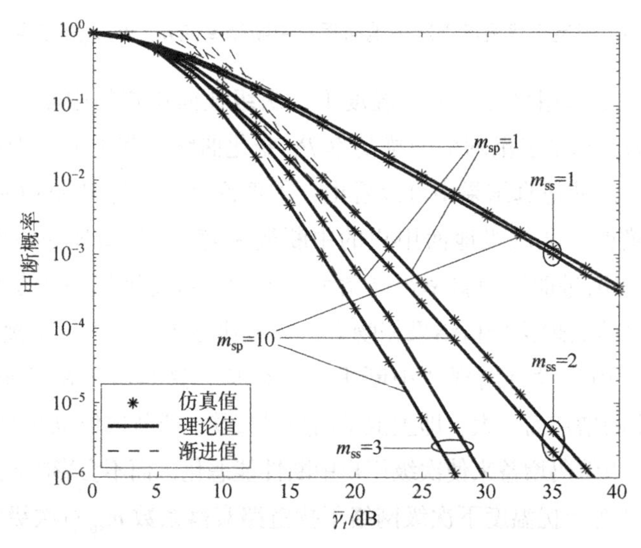

图 4-6　可变干扰温度下次级地面用户中断概率随衰减系数 m_{sp} 的变化曲线

4.5.2　卫星用户性能

图 4-8 给出了不同干扰阈值和干扰链路衰落程度下主卫星用户干扰概率曲线，仿真中参数设定为：$\alpha=20°$，$\beta=20°$，$\nu=2$，$R_0=2$ km，$R/R_0=2$，$P_s=5$ dB。从图中可以看出，所推导的主卫星用户干扰概率的理论表达式与 Monte Carlo 仿真一致，证明了理论推导的精确性。此外，当干扰阈值和信道衰落系数逐渐增大时，主卫星用户受到的干扰超过预定阈值的概率逐渐减小，这是由于干扰阈值的增大等价于可容忍的干扰信道强度越大，而信道衰落系数的增加意味着传输质量的提升。

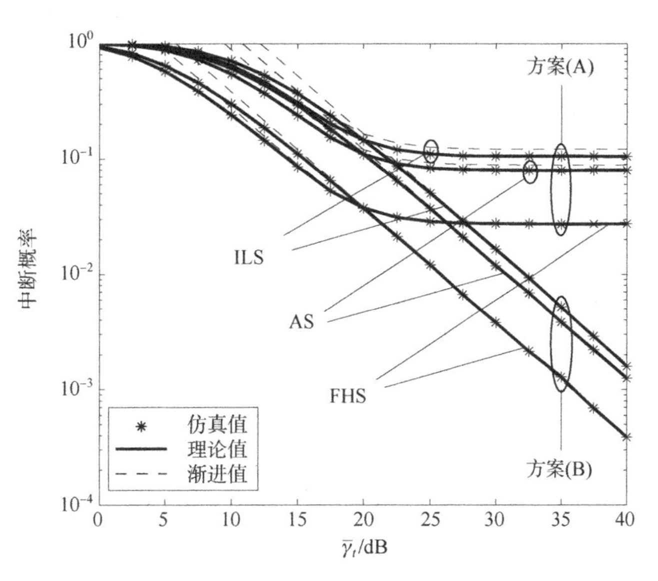

图 4-7　次级地面用户中断概率随卫星干扰链路信道参数的变化曲线

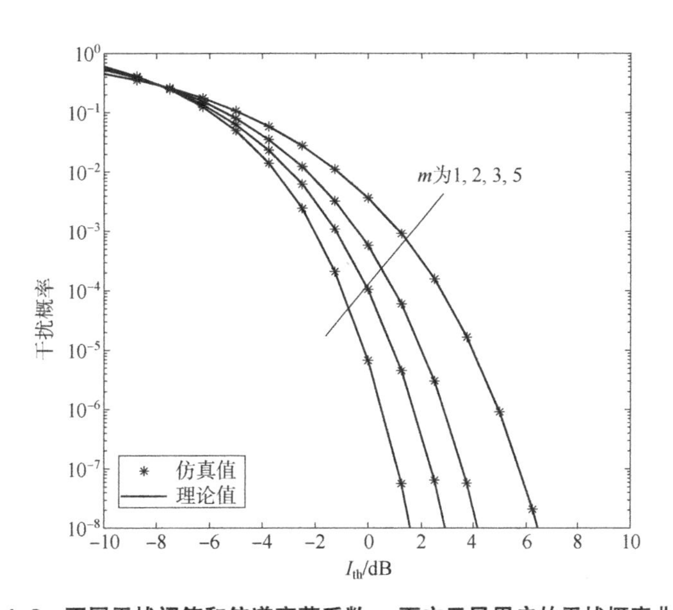

图 4-8　不同干扰阈值和信道衰落系数 *m* 下主卫星用户的干扰概率曲线

图 4-9 给出了主卫星用户干扰概率随地面基站距离分布参数 R_0 和 R 的变化曲线，仿真中参数设定为：$\alpha=20°,\beta=20°,m_{sp}=1,\nu=2,P_s=5$ dB。从图中可以发现，随着最小间距 R_0 的增大以及地面基站分布区间外径和内径比例 R/R_0 的增大，主卫星用户干扰概率显著下降。这是因为，随着地面基站分布区间最小间距增大或者随机分布区域范围增大，主卫星用户接收到的干扰强度相对减小。

图 4-10 给出了最小保护间隔随主卫星用户干扰阈值、干扰概率、干扰链路信道衰落程度的变化曲线，仿真中参数设置为：$\alpha=20°,\beta=20°,\nu=2,R_0=2$ km$,R/R_0=2,P_s=5$ dB。从

仿真结果中可以发现，随着干扰阈值、干扰概率和干扰链路信道衰落程度的减小，地面基站距离主卫星用户所需要的最小保护间隔逐渐增大，这表明地面基站在接入卫星授权频段时需要采用更严格的功率控制方案，以满足在设定干扰阈值下满足对主卫星用户的干扰概率条件。

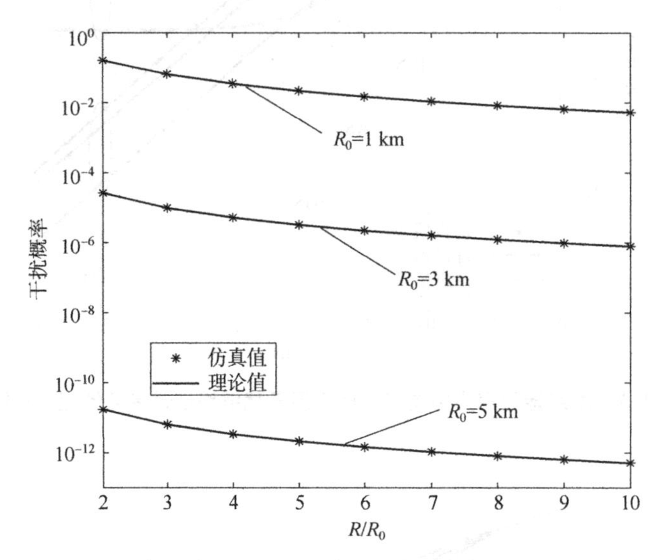

图 4-9　主卫星用户干扰概率随地面基站距离分布参数 R_0 和 R 的变化曲线

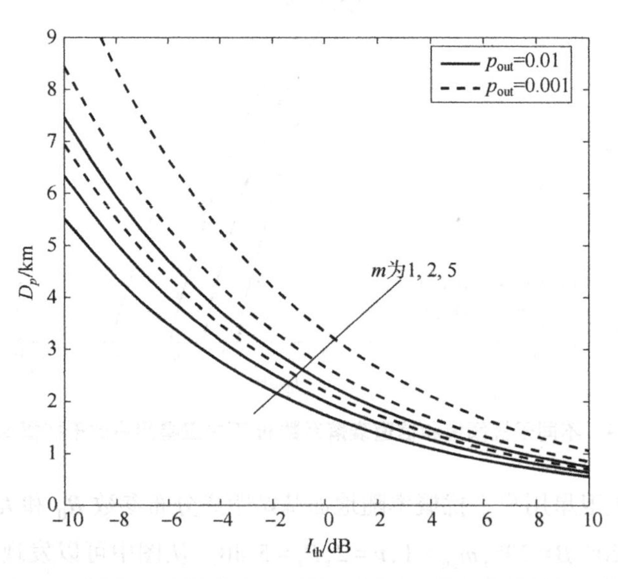

图 4-10　主卫星用户最小保护间隔 D_p 随干扰阈值和信道衰落系数 m 的变化曲线

图 4-11 给出了主卫星用户最小保护间隔随地面干扰链路俯仰角和方位角的变化曲线，仿真中参数设置为：$m=1,\nu=2,R_0=2\ \text{km},R/R_0=2,P_s=5\ \text{dB}$。此外，主卫星用户的最大俯仰角可以通过下面计算方法得到[120]，即

$$\alpha_{max} = 90° - L - \phi \tag{4-53}$$

式中，L 为卫星用户所在纬度；ϕ 为偏转倾斜角，可表示为

$$\phi = \arctan\left(\frac{-\sin(L)}{6.61 - \cos(L)}\right) \tag{4-54}$$

为了限制地形因素的影响，最小俯仰角通常设置为 $\alpha_{min} = 10°$。从图 4-11 可以看出，对于给定的干扰阈值，随着俯仰角 β 和方位角 α 的减小，所需要的最小保护间隔逐渐增大，这是由于随着相对角度的减小，干扰信号链路到达角越接近主卫星用户接收天线的最大增益方向，因此需要进一步增大保护间隔，减小干扰信号的强度。

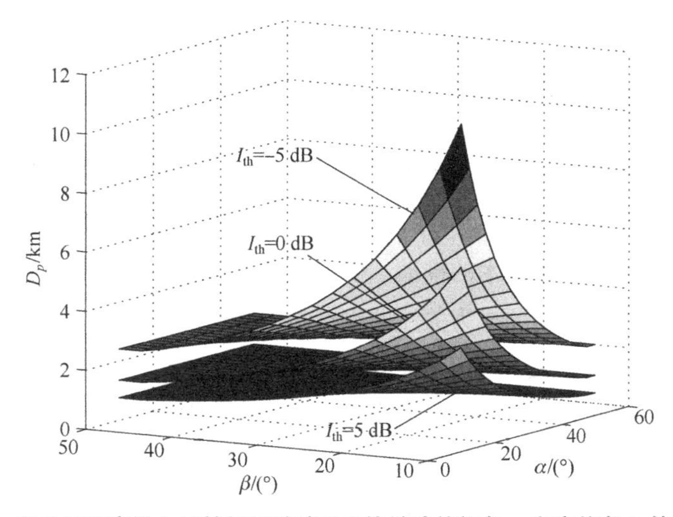

图 4-11　主卫星用户最小保护间隔随地面干扰链路俯仰角 α 和方位角 β 的变化曲线

4.6　小　结

本章针对星地融合认知传输网络，联合考虑次级地面用户最大发射功率以及主卫星用户干扰温度限制条件下，首先分析了次级地面用户中断概率性能。基于平均功率约束和峰值功率约束条件下次级地面系统渐进中断概率表达式，进一步得到次级地面用户的分集度和编码增益。此外，考虑地面基站分布随机特性、卫星用户接收天线俯仰和水平面增益模型、干扰链路路径损耗和衰落强度等因素，分析了主卫星用户接收到干扰功率强度的统计特性，并进一步得到在保证网络间干扰效应预设阈值条件下卫星用户的最小保护间隔，为星地融合认知网络架构下的系统布局提供参考和依据。

第5章
星地融合认知网络协同安全传输方法

5.1 引　言

卫星信道的广播特性使得通信过程中信号极易被窃听，因而其安全传输问题逐渐成为系统设计所需要考虑的重要环节[121]。目前，在轨卫星数量以及卫星服务用户在急剧增长，以及微小卫星技术、星间协同等技术的推动，使得卫星网络传输数据类型更加多样化、传输容量大幅提升，卫星通信安全问题成为关注的重点领域[122]。近年来，物理层安全传输技术得到了学术界和产业界的广泛关注，其核心思想是利用无线信道的动态差异性，结合信道编码、信号处理、调制解调等技术手段，为合法用户提供可靠的安全通信服务，具有技术复杂度低、保密效果好的特点。

在现有卫星通信领域物理层安全相关研究中，文献[123,124]分别研究了在卫星已知和未知窃听用户信道状态信息两种不同场景的下的物理层安全传输性能。针对多波束卫星通信系统，文献［125］提出了一种基于发射功率最小化准则的联合波束形成和功率分配的物理层安全传输方案。文献［126］研究了利用迫零以及人工噪声的方法来增强多波束卫星系统中的物理层安全性能。文献［127］分析了多波束卫星系统中基于物理层安全的网络编码问题。关于地面无线协同网络中的波束形成技术以及卫星通信中的波束形成算法已经得到广泛研究。但是，关于星地融合网络中物理层安全传输问题的研究仍然在起步阶段。星地融合网络中卫星系统和地面系统的差异性对信息的安全传输提出更高的要求。针对融合网络架构，需要同时考虑单个网络内部干扰以及网络间相互干扰，且窃听用户的存在使得星地融合认知网络中各独立网络共存问题更为复杂[128]。此外，前面几章所考虑的星地网络间干扰限定条件，包括地面基站与卫星波束间的同频复用距离、地面终端的发射功率等[129]，通常会降低次级网络的容量和频谱的利用率。因此，要想获得较高的频谱利用率，必须采用有效的干扰抑制方法。

基于星地融合网络以及传统物理层安全领域的研究成果，本章拟研究存在窃听用户下的星地融合认知网络物理层安全传输问题，重点分析星地融合认知网络中的波束形成设计方案以及安全性能分析方法，具体工作可归纳如下。

（1）在星地融合认知网络中，地面用户对卫星用户的干扰信号通常认为是“不利的”。但是，如果针对存在窃听用户的场景，从卫星用户的安全容量上考虑，若次级地面网络的干扰对窃听用户容量的影响大于对主卫星用户容量的影响，这种网络间的干扰信号在某种意义上可以理解为是“有用”干扰。因此，针对存在窃听用户的星地融合认知网络，在不额外增加系统复杂度和开销的情况下，提出利用地面网络到卫星网络干扰信号来提升卫星用户安全传输性能的方案。

（2）利用矩阵投影理论和特征值分解性质，在卫星用户中断性能约束下和地面网络传输速率最大化准则下，针对已知网络间干扰链路不准确信道状态信息和统计信道状态信息两种场景，分别提出混合发射和部分发射次优迫零波束形成方案。在所提方案中，通过将基站最大波束方向对准地面用户，将零陷对准卫星用户，同时满足地面用户传输速率和卫星用户中断性能指标。

（3）考虑地面链路服从相关 Rayleigh 分布，卫星链路服从 Shadowed-Rician 分布，分别考虑两种窃听场景：场景 1，卫星已知窃听用户的 CSI；场景 2，卫星用户未能获取窃听用户的 CSI。针对这两种窃听场景，分别推导卫星用户安全中断概率和遍历安全容量的解析表达式，为分析星地融合认知网络安全传输性能提供有效的分析手段。

（4）通过与现有文献中方案的对比，验证所提出波束形成方案在满足卫星用户中断门限的条件下对其安全性能的提升。此外，基于安全性能指标的理论表达式，分析系统关键参数对两种场景下卫星用户安全性能的影响。基于仿真分析进一步证明，与传统卫星网络相比，星地融合认知网络架构下系统整体频谱效率和卫星用户的安全性能同时得到显著提升。

5.2　系统模型

针对如图 5-1 所示的星地融合认知网络，作为主卫星用户的卫星网络与次级地面网络共享下行链路频谱资源。同时，在卫星波束覆盖范围内存在一个非法窃听用户试图窃取卫星发送到主卫星用户的信号。假设卫星、主卫星用户、次级地面用户和窃听用户均配置单根天线，而地面基站配置多根天线。此外，假设地面基站能够获得基站到次级地面用户的信道状态信息，但仅已知地面基站到主卫星用户的部分信道状态信息。这是因为，对于不同网络之间的接收机和发射机，对训练序列进行估计后获得的信道状态信息与实际的信道状态信息之间有一定的误差。

5.2.1　接收信干噪比

假设卫星向主卫星用户发送信号 $s(t)$，同时地面基站通过发射波束形成处理后向次级地面用户发送信号 $x(t)$。那么，主卫星用户、次级地面用户和窃听用户接收到的信号分别为

$$y_p(t) = \sqrt{P_p}\,g_p s(t) + \sqrt{P_s}\,\boldsymbol{w}^{\mathrm{H}}\boldsymbol{h}_p x(t) + n_p(t) \tag{5-1a}$$

$$y_s(t)=\sqrt{P_p}g_s s(t)+\sqrt{P_s}\,\boldsymbol{w}^{\mathrm{H}}\boldsymbol{h}_s x(t)+n_s(t) \tag{5-1b}$$

$$y_e(t)=\sqrt{P_p}g_e x(t)+\sqrt{P_s}\,\boldsymbol{w}^{\mathrm{H}}\boldsymbol{h}_e s(t)+n_e(t) \tag{5-1c}$$

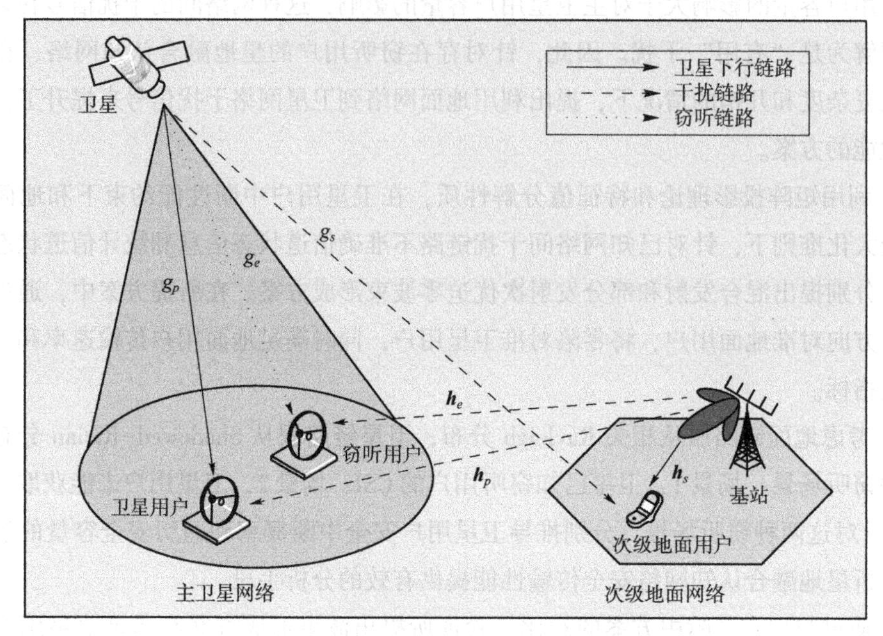

图 5-1　存在窃听用户的星地融合认知网络

式中，P_p 和 P_s 分别为卫星和地面基站的发射功率；$n_i(t)\sim\mathcal{N}_C(0,\sigma^2)\,(i\triangleq p,s,e)$ 为对应接收端的加性高斯白噪声；$\boldsymbol{w}\in\mathbb{C}^{N\times1}$ 为地面基站处的发射波束形成权矢量；$s(t)$ 和 $x(t)$ 的平均功率满足 $E[\,|s(t)|^2]=1$ 和 $E[\,|x(t)|^2]=1$；g_p、g_s 和 g_e 分别为卫星与主卫星用户、卫星与次级地面用户和卫星与窃听用户之间的信道系数；$\boldsymbol{h}_p\in\mathbb{C}^{N\times1}$、$\boldsymbol{h}_s\in\mathbb{C}^{N\times1}$ 和 $\boldsymbol{h}_e\in\mathbb{C}^{N\times1}$ 分别为基站到主卫星用户、地面基站到次级地面用户和地面基站到窃听用户信道矢量。

利用式（5-1a）和式（5-1c）并经过一些必要的变换可以得到主卫星用户和窃听用户处的接收信干噪比为

$$\gamma_i=\frac{P_p\,|g_i|^2}{P_s\,|\boldsymbol{w}^{\mathrm{H}}\boldsymbol{h}_i|^2+\sigma_i^2},(i\triangleq p,e) \tag{5-2}$$

同样，由式（5-1b）可以得到次级地面用户处的接收信干噪比为

$$\gamma_s=\frac{P_s\,|\boldsymbol{w}^{\mathrm{H}}\boldsymbol{h}_s|^2}{P_p\,|g_s|^2+\sigma_s^2} \tag{5-3}$$

5.2.2　可达安全容量

作为无线网络物理层安全技术的一个关键的参数，安全容量的定义是：保密信息被合法用户可靠接收且非法用户无法获取任何有用信息的最大通信容量。由于卫星网络和次级地面网络在编码、调制方式上的不同，主卫星用户和次级地面用户难以在接收端利用干扰抵消技

术抵消网络间的干扰信号。因此，本章考虑所有用户都不能够解码和提取干扰信号。在这种情况下，主卫星用户处的安全传输容量可表示为[130]

$$C_s = \begin{cases} C_p - C_e, & \gamma_p > \gamma_e \\ 0, & \gamma_p \leqslant \gamma_e \end{cases} \tag{5-4}$$

式中，$C_p = \log_2(1+\gamma_p)$ 和 $C_e = \log_2(1+\gamma_e)$ 分别为卫星到主卫星用户链路和卫星到窃听用户链路的传输容量。

从上面的表达式可以看出，地面基站对卫星网络的干扰信号同时作用于主卫星用户和窃听用户。因此，我们可以在地面基站处利用发射波束形成设计，在减小对主卫星用户干扰的同时尽可能地降低窃听用户的接收信干噪比，从而达到提升主用户安全容量的目的。现有研究工作中，物理层安全性能的主要评价指标包括安全中断概率、遍历安全容量等。

5.3　波束形成方案设计

本节旨在通过优化基站处的发射波束形成权矢量 $\boldsymbol{w}$，使次级地面用户传输速率最大化的条件下，同时保证混合网络中主用户 QoS。在认知场景下，主、次网络间的干扰信号通常是“不利的”。但是，如果针对存在窃听用户的主卫星网络，从卫星用户的安全容量上考虑，若次级地面网络的干扰对窃听用户容量的影响大于对主卫星用户容量的影响，次级地面用户的信号在某种意义上可以理解为是“有用”干扰[131,132]。本节考虑用户服务类型的实时性，波束形成设计问题具体表述为以次级地面用户传输速率为目标函数，同时满足主卫星用户服务质量以及地面基站最大发射功率约束条件，即

$$\begin{cases} \max\limits_{P_s,\boldsymbol{w}} \log_2\left(1 + \dfrac{P_s\,|\boldsymbol{w}^{\mathrm{H}}\boldsymbol{h}_s|^2}{P_p\,|g_p|^2 + \sigma^2}\right) & (5-5\mathrm{a}) \\ \text{s.t. } \Pr\{P_s\,|\boldsymbol{w}^{\mathrm{H}}\boldsymbol{h}_p|^2 \leqslant \gamma_{\mathrm{th}}\} \geqslant 1 - p_{\mathrm{out}} & (5-5\mathrm{b}) \\ P_s \leqslant P_{\max},\ \|\boldsymbol{w}\|_F^2 = 1 & (5-5\mathrm{c}) \end{cases}$$

式中，$P_{\max}$ 是次级地面网络发射机基站最大功率阈值。

此外，式（5-5b）表示保证主卫星用户的服务质量所采用的干扰概率约束，其中 γ_{th} 为 QoS 阈值，$p_{\mathrm{out}} \in (0,1]$ 为干扰概率阈值。考虑到对数函数 $\log_2(\cdot)$ 的单调递增特性，最初的优化问题可以进一步改写为

$$\begin{cases} \max\limits_{P_s,\boldsymbol{w}} P_s\,|\boldsymbol{w}^{\mathrm{H}}\boldsymbol{h}_s|^2 & (5-6\mathrm{a}) \\ \text{s.t. } \Pr\{P_s\,|\boldsymbol{w}^{\mathrm{H}}\boldsymbol{h}_p|^2 \leqslant \gamma_{\mathrm{th}}\} \geqslant 1 - p_{\mathrm{out}} & (5-6\mathrm{b}) \\ P_s \leqslant P_{\max},\ \|\boldsymbol{w}\|_F^2 = 1 & (5-6\mathrm{c}) \end{cases}$$

显然，式（5-6）中的优化问题与原优化问题等价。但是，由于其目标函数是非凸形式的，所以很难得到优化问题的解析表达式。尽管通过一些松弛变量的方法可以将原问题转化

为拟凸的形式，进而可以用标准优化包（如 CVX），进行求解。但是，由于所得到只是数值解，所以难以对主用户的安全性能进行分析。

下面将提出次优的优化方案，进而推导 $\boldsymbol{w}$ 和 P_s 的解析表达式。无线通信环境的复杂使得获取的信道信息经常不理想，而波束形成算法对于信道信息十分敏感。非理想信道信息会使得波束形成算法性能大幅下降。相比于传统的地面或卫星通信网络，星地融合认知网结构更加复杂，优异的网络性能是以全局信息的交互为代价。然而，信道估计误差、反馈信道的时变特性等因素，使得网络中的节点难以获得理想的信道状态信息。因此，需要针对非理想信道状态信息条件下（如干扰链路信息未知，窃听链路信息未知），评估星地融合认知网络的物理层安全性能。

地面基站通常通过下面两种方式获取干扰链路的信道状态信息。

（1）有限反馈的方式：卫星用户将估计得到的干扰链路的信道状态信息通过反馈链路直接发送给地面基站。

（2）直接估计方式：利用上、下行信道的互易性向地面基站发送训练序列，由地面基站对信道状态信息进行估计。

在实际场景中，两个网络间的无线信道受时变特性、反馈时延和信道估计误差等因素的影响，导致地面基站只能获取部分信道状态信息。在这种情况下，本章针对不同信道信息类型，提出基于主卫星用户干扰阈值概率约束条件下的稳健波束形成算法，来提高星地认知融合网络中的物理层安全传输性能。具体地，我们考虑两种部分信道状态信息模型。

（1）不准确信道状态信息。在这种场景下，基站仅已知基站到主卫星用户链路的不完全信道状态信息，即[133,134]

$$\boldsymbol{h}_p = \bar{\boldsymbol{h}}_p + \Delta\boldsymbol{h}_p \tag{5-7}$$

式中，$\boldsymbol{h}_p \in \mathbb{C}^{N\times1}$为实际估计值；$\Delta\boldsymbol{h}_p \in \mathbb{C}^{N\times1}$为存在的信道状态信息误差，且满足 $\Delta\boldsymbol{h}_p \sim \mathcal{N}_C(\boldsymbol{0},\ \Delta\boldsymbol{R}_{\mathrm{p}})$，其中 $\Delta\boldsymbol{R}_p > \boldsymbol{0}$。

（2）统计信道状态信息。在该场景下，地面基站仅已知基站和主卫星用户之间链路的统计信道状态信息，即$\boldsymbol{h}_p \sim \mathcal{N}(\boldsymbol{0},\boldsymbol{R}_p)$，其中信道协方差矩阵 $\boldsymbol{R}_p \in \mathbb{C}^{N\times N}$为半正定的，且满足 $\boldsymbol{R}_p > \boldsymbol{0}$[135]。

下面，针对不准确信道状态信息和统计信道状态信息场景，分别提出混合发射迫零（Hybrid Zero-Forcing，HZF）和部分发射迫零（Partical Zero-Forcing，PZF）两种次优方案。

5.3.1 混合发射迫零方案

当已知基站到主卫星用户链路的不准确信道状态信息时，将式（5-7）代入式（5-6b），可得

$$\Pr\{P_s\,|\boldsymbol{w}^{\mathrm{H}}\boldsymbol{h}_p|^2 \leqslant \gamma_{\mathrm{th}}\} = \Pr\{P_s\,|\boldsymbol{w}^{\mathrm{H}}(\bar{\boldsymbol{h}}_p + \Delta\boldsymbol{h}_p)|^2 \leqslant \gamma_{\mathrm{th}}\}$$

$$\approx \Pr\{P_s \boldsymbol{w}^{\mathrm{H}} \Delta \boldsymbol{h}_p \Delta \boldsymbol{h}_p^{\mathrm{H}} \boldsymbol{w} \leqslant \gamma_{\mathrm{th}} - P_s \boldsymbol{w}^{\mathrm{H}} \bar{\boldsymbol{h}}_p \bar{\boldsymbol{h}}_p^{\mathrm{H}} \boldsymbol{w}\} \tag{5-8}$$

其中，我们省略较小的交叉相乘项。

由于 $\boldsymbol{w}^{\mathrm{H}} \Delta \boldsymbol{h}_p \Delta \boldsymbol{h}_p^{\mathrm{H}} \boldsymbol{w}$ 服从方差为 $\boldsymbol{w}^{\mathrm{H}} \Delta \boldsymbol{R}_p \boldsymbol{w}$ 的指数分布，式（5-8）可进一步表示为

$$\Pr\{P_s |\boldsymbol{w}^{\mathrm{H}} \boldsymbol{h}_p|^2 \leqslant \gamma_{\mathrm{th}}\} = 1 - \exp\left(-\frac{\gamma_{\mathrm{th}} - P_s \boldsymbol{w}^{\mathrm{H}} \bar{\boldsymbol{h}}_p \bar{\boldsymbol{h}}_p^{\mathrm{H}} \boldsymbol{w}}{P_s \boldsymbol{w}^{\mathrm{H}} \Delta \boldsymbol{R}_p \boldsymbol{w}}\right) \tag{5-9}$$

因为 $\Delta \boldsymbol{R}_p \in \mathbb{C}^{N\times N}$ 是半正定矩阵，利用特征值分解，可得

$$\Delta \boldsymbol{R}_p = \boldsymbol{V}_H \boldsymbol{\Lambda}_H \boldsymbol{V}_H^{\mathrm{H}} \tag{5-10}$$

其中，

$$\begin{cases} \boldsymbol{V}_H = [\boldsymbol{v}_{H,1}, \boldsymbol{v}_{H,2}, \cdots, \boldsymbol{v}_{H,N}] \in \mathbb{C}^{N\times N} \\ \boldsymbol{\Lambda}_H = \mathrm{diag}(\delta_{H,1}, \delta_{H,2}, \cdots, \delta_{H,N}) \in \mathbb{C}^{N\times N} \end{cases} \tag{5-11}$$

式中，$\delta_{H,i}(i=1,2,\cdots,N)$ 和 $\boldsymbol{v}_{H,i} \in \mathbb{C}^{N\times 1}$ 分别为 $\Delta \boldsymbol{R}_p$ 的特征值和对应的特征矢量；$\boldsymbol{\Lambda}_H$ 的所有元素按照 $\delta_{H,1} \geqslant \delta_{H,2} \geqslant \cdots \geqslant \delta_{H,N}$ 的顺序排列。

将式（5-10）和式（5-11）代入式（5-9），可得

$$P_s \boldsymbol{w}^{\mathrm{H}} \left(\bar{\boldsymbol{h}}_p \bar{\boldsymbol{h}}_p^{\mathrm{H}} + \ln\left(\frac{1}{p_{\mathrm{out}}}\right) \boldsymbol{V}_H \boldsymbol{\Lambda}_H \boldsymbol{V}_H^{\mathrm{H}}\right) \boldsymbol{w} \leqslant \gamma_{\mathrm{th}} \tag{5-12}$$

显然，式（5-12）中 $\boldsymbol{w}^{\mathrm{H}} \left(\bar{\boldsymbol{h}}_p \bar{\boldsymbol{h}}_p^{\mathrm{H}} + \ln\left(\frac{1}{p_{\mathrm{out}}}\right) \boldsymbol{V}_H \boldsymbol{\Lambda}_H \boldsymbol{V}_H^{\mathrm{H}}\right) \boldsymbol{w}$ 即为地面基站对主卫星用户的干扰。为保证式（5-6a）中的目标函数最优，该项必须足够小。令 $\boldsymbol{G} = [\bar{\boldsymbol{h}}_p, \boldsymbol{v}_{H,1}, \cdots, \boldsymbol{v}_{H,(N-2)}] \in \mathbb{C}^{N\times N}$，式（5-6a）中原始优化问题的次优解可以等价为下面的表达式，即

$$\begin{cases} \max\limits_{\boldsymbol{w}} \ |\boldsymbol{w}^{\mathrm{H}} \boldsymbol{h}_s|^2 \\ \text{s.t.} \quad \boldsymbol{w}^{\mathrm{H}} \boldsymbol{G} = 0_{1\times N}, \|\boldsymbol{w}\|_F^2 = 1 \end{cases} \tag{5-13}$$

不难发现，上面的优化问题等价于阵列信号处理中的迫零方案。那么，利用正交投影定理，可以得到 $\boldsymbol{w}$ 的解析表达式为

$$\boldsymbol{w}_H = \frac{\boldsymbol{P} \boldsymbol{h}_s}{\|\boldsymbol{P} \boldsymbol{h}_s\|_F} \tag{5-14}$$

式中，$\boldsymbol{P} = \boldsymbol{I}_N - \boldsymbol{G}(\boldsymbol{G}^{\mathrm{H}} \boldsymbol{G})^{-1} \boldsymbol{G}^{\mathrm{H}}$ 为矩阵 G 的零空间的投影。

将式（5-14）代入式（5-12），可得在主卫星用户干扰概率约束条件下，地面基站所允许的最大发射功率为

$$P_{\mathrm{th},H} = \frac{\gamma_{\mathrm{th}}}{\boldsymbol{w}_H^{\mathrm{H}} \left(\ln\left(\frac{1}{p_{\mathrm{out}}}\right) \sum\limits_{i=N-1}^{N} \delta_{H,i} \boldsymbol{v}_{H,i} \boldsymbol{v}_{H,i}^{\mathrm{H}}\right) \boldsymbol{w}_H} \tag{5-15}$$

结合式（5-15）和式（5-6c），可以得到最优发射功率表达式为

$$P_{s,H} = \min(P_{\mathrm{th},H}, P_{\max}) \tag{5-16}$$

式中，$\min(a,b)$表示 a 和 b 之中的最小值。

值得注意的是,在我们所提出的波束形成方案中,权矢量 $\boldsymbol{w}_H$ 是由信道状态信息估计值 $\overline{\boldsymbol{h}}_p$ 和误差信道状态信息的前 $N-2$ 阶归一化特征矢量 $[\boldsymbol{v}_{H,1},\boldsymbol{v}_{H,2},\cdots,\boldsymbol{v}_{H,N-2}]$ 所构成，因此该方案称为混合迫零。

当已知地面基站到主卫星用户完全信道状态信息时，即 $\boldsymbol{h}_p=\overline{\boldsymbol{h}}_p$。由式（5-14）和式（5-16）,可得式（5-6a）的最优解为

$$\boldsymbol{w}_{\mathrm{CZF}}=\frac{(\boldsymbol{I}_N-\overline{\boldsymbol{h}}_p)\boldsymbol{h}_s}{\|(\boldsymbol{I}_N-\overline{\boldsymbol{h}}_p)\boldsymbol{h}_s\|_F} \tag{5-17a}$$

$$P_{s,\mathrm{CZF}}=P_{\max} \tag{5-17b}$$

不难发现，式（5-17a）即为传统迫零方案。因此，我们将传统的迫零方案推广到更为一般的场景。

5.3.2 部分发射迫零方案

当已知地面基站到主卫星用户链路的统计信道状态信息 $\boldsymbol{R}_p\in\mathbb{C}^{N\times N}$时，由式（5-6b）可得

$$\Pr\{P_s|\boldsymbol{w}^{\mathrm{H}}\boldsymbol{h}_p|^2\leqslant\gamma_{\mathrm{th}}\}=\Pr\{P_s\boldsymbol{w}^{\mathrm{H}}\boldsymbol{R}_p\boldsymbol{w}\leqslant\gamma_{\mathrm{th}}\} \tag{5-18}$$

利用特征值分解，可将 $\boldsymbol{R}_p$ 表示为

$$\boldsymbol{R}_p=\boldsymbol{V}_P\boldsymbol{\Lambda}_P\boldsymbol{V}_P^{\mathrm{H}} \tag{5-19}$$

其中,

$$\boldsymbol{V}_P=[\boldsymbol{v}_{P,1},\boldsymbol{v}_{P,2},\cdots,\boldsymbol{v}_{P,N}]\in\mathbb{C}^{N\times N} \tag{5-20a}$$

$$\boldsymbol{\Lambda}_P=\mathrm{diag}(\delta_{P,1},\delta_{P,2},\cdots,\delta_{P,N})\in\mathbb{C}^{N\times N} \tag{5-20b}$$

式中, $\delta_{P,i}(i=1,2,\cdots,N)$ 和 $\boldsymbol{v}_{P,i}\in\mathbb{C}^{N\times 1}$ 分别为 $\boldsymbol{R}_p$ 的特征值和对应的特征矢量; $\boldsymbol{\Lambda}_P$ 的所有元素按照 $\delta_{P,1}\geqslant\delta_{P,2}\geqslant\cdots\geqslant\delta_{P,N}$ 的顺序排列。

类似于式（5-12），可得

$$P_s\boldsymbol{w}^{\mathrm{H}}\left(\ln\left(\frac{1}{p_{\mathrm{out}}}\right)\boldsymbol{V}_P\boldsymbol{\Lambda}_P\boldsymbol{V}_P^{\mathrm{H}}\right)\boldsymbol{w}\leqslant\gamma_{\mathrm{th}} \tag{5-21}$$

与混合迫零方案类似的思路，选择协方差矩阵 $\boldsymbol{R}_p$ 对应的前 $N-1$ 阶最大特征值对应的特征矢量构建矩阵 $\boldsymbol{H}=[\boldsymbol{v}_{p,1},\boldsymbol{v}_{p,2},\cdots,\boldsymbol{v}_{p,N-1}]$， 可以得到下面的优化问题：

$$\begin{cases}\max\limits_{\boldsymbol{w}}\ |\boldsymbol{w}^{\mathrm{H}}\boldsymbol{h}_s|^2\\ \text{s. t.}\quad \boldsymbol{w}^{\mathrm{H}}\boldsymbol{H}=\boldsymbol{0}_{1\times N},\|\boldsymbol{w}\|_F^2=1\end{cases} \tag{5-22}$$

利用正交投影定理，可得 $\boldsymbol{w}_P$ 的解析表达式为

$$\boldsymbol{w}_P=\frac{\boldsymbol{Q}\boldsymbol{h}_s}{\|\boldsymbol{Q}\boldsymbol{h}_s\|_F} \tag{5-23}$$

式中，$\boldsymbol{Q}=\boldsymbol{I}_N-\boldsymbol{H}(\boldsymbol{H}^{\mathrm{H}}\boldsymbol{H})^{-1}\boldsymbol{H}^{\mathrm{H}}$。

在我们所提出的波束形成方案中，权矢量 $\boldsymbol{w}_P$ 是由 $\boldsymbol{R}_p$ 的前 $N-1$ 阶归一化特征矢量 $[\boldsymbol{v}_{H,1},\boldsymbol{v}_{H,2},\cdots,\boldsymbol{v}_{H,N-2}]$ 所构成，因此该方案称为部分迫零。那么，目标函数对应的最优发射功率为

$$P_{s,P}=\min(P_{\mathrm{th},P},P_{\max}) \tag{5-24}$$

其中，

$$P_{\mathrm{th},P}=\frac{\gamma_{\mathrm{th}}}{\boldsymbol{w}_P^{\mathrm{H}}\left(\ln\left(\frac{1}{p_{\mathrm{out}}}\right)\delta_{P,N}\,\boldsymbol{v}_{P,N}\,\boldsymbol{v}_{P,N}^{\mathrm{H}}\right)\boldsymbol{w}_P} \tag{5-25}$$

5.3.3　接收信干噪比

将式（5-14）和式（5-23）代入式（5-2），在两种波束形成方案下主卫星用户的接收信干噪比可以表示为

$$\gamma_p=\frac{P_p\,|g_p|^2}{P_{s,i}\,|\boldsymbol{w}_i^{\mathrm{H}}\boldsymbol{h}_p|^2+\sigma^2}=\frac{X_p}{Y_{p,i}+1} \tag{5-26}$$

其中，

$$X_p=\overline{\gamma}_p\,|g_p|^2 \tag{5-27}$$

式中，$\overline{\gamma}_p=P_p/\sigma^2$；$Y_{p,i},(i\triangleq H,P)$ 可以表示为

$$Y_{p,i}=\begin{cases}\overline{\gamma}_{s,H}\sum\limits_{j=N-1}^{N}\delta_{H,j}\,|\boldsymbol{w}_H^{\mathrm{H}}\boldsymbol{v}_{H,j}|^2, & \text{HZF 方案}\\ \overline{\gamma}_{s,P}\delta_{P,N}\,|\boldsymbol{w}_P^{\mathrm{H}}\boldsymbol{v}_{P,N}|^2, & \text{PZF 方案}\end{cases} \tag{5-28}$$

式中，$\overline{\gamma}_{s,i}=P_{s,i}/\sigma^2$。

类似地，窃听用户处的接收信干噪比可以表示为

$$\gamma_e=\frac{P_p\,|g_e|^2}{P_{s,i}\,|\boldsymbol{w}_i^{\mathrm{H}}\boldsymbol{h}_e|^2+\sigma^2}=\frac{X_e}{Y_{e,i}+1} \tag{5-29}$$

其中，

$$X_e=\overline{\gamma}_e\,|g_e|^2 \tag{5-30}$$

式中，$\overline{\gamma}_e=P_p/\sigma^2$；$Y_{e,i},(i\triangleq H,P)$ 可表示为

$$Y_{e,i}=\begin{cases}\overline{\gamma}_{s,H}\,|\boldsymbol{w}_H^{\mathrm{H}}\boldsymbol{h}_e|^2, & \text{HZF 方案}\\ \overline{\gamma}_{s,P}\,|\boldsymbol{w}_P^{\mathrm{H}}\boldsymbol{h}_e|^2, & \text{PZF 方案}\end{cases} \tag{5-31}$$

式中，$\overline{\gamma}_{s,i}=P_{s,i}/\sigma^2$。

下面将详细地分析两种波束形成方案下主卫星用户的安全性能。

5.4 安全性能分析

本节基于上述部分给出的系统模型及安全传输方案对卫星网络的安全性能进行详细分析，主要包括卫星用户的安全中断概率和安全遍历容量两个评价指标。

5.4.1 信道统计分布特性

在分析卫星用户安全性能指标之前，首先给出卫星和地面信道的统计特性。

5.4.1.1 卫星信道

根据文献［136］，对卫星链路信道进行建模中，本节考虑两部分影响因素：一部分为点波束增益；另一部分为信道随机分布特性。

1. *点波束增益*

目前，卫星移动通信星载天线普遍采用点波束技术，如 Inmarsat 和 Thuraya 系统等。点波束技术可以将星上功率集中在指定区域，有效提升星载天线的有效辐射功率。根据天线类型区分，电波束天线主要有反射面天线和直接辐射阵列天线等。目前，在对地静止轨道卫星移动通信系统中，通常采用前者，而在中、低轨道场景下，多采用后者。点波束技术可以通过星载的多根天线，将功率集中在相对较小的区域从而构造出方向性极强的波束，敌方无法在不侵犯国境线或警戒区的情况下接收到足够强度的信号进行破译。该技术最早应用于地面移动通信网络，通过多根天线构造出方向性波束，来提升既定区域的传输容量。而星载多天线和组网技术近年来日趋成熟，为该技术的应用奠定了基础。当已知卫星波束覆盖范围内某个用户的位置时，其对应的波束增益可以表示为[135]

$$b(\varphi)=\left(\frac{J_1(u)}{2u}+36\frac{J_3(u)}{u^3}\right)^2 \tag{5-32}$$

式中，$J_1(\cdot)$ 和 $J_3(\cdot)$ 分别为一阶和三阶一类贝塞尔函数，u 可表示为

$$u=2.071\,23\frac{\sin\varphi}{\sin\varphi_{3\text{ dB}}} \tag{5-33}$$

式中，φ 为用户与波束相对于卫星的角度；$\varphi_{3\text{ dB}}$为 3 dB 波束增益角度。

基于式（5-32），图 5-2 给出了卫星发射增益方向图。从图中可以看出，当 $\varphi_{3\text{ dB}}$ 越大时，对应的波束宽度越宽，且距离波束中心偏移角 φ 超过 $\varphi_{3\text{ dB}}$，对应增益值急剧下降。

2. *卫星链路统计分布特性*

我们假设卫星链路服从 Shadowed-Rician 模型，其瞬时信道矢量可表示为

$$\overline{g}=A\exp(\mathrm{j}\psi)+Z\exp(\mathrm{j}\zeta) \tag{5-34}$$

式中，ψ 为静态随机相位矢量，元素满足［0，2π）的均匀分布；ζ 为直达路径分量的确定性相位；A 和 Z 为散射和直达路径分量的幅度，分别满足独立静态随机的 Rayleigh 和 Nakagami-m 分布。

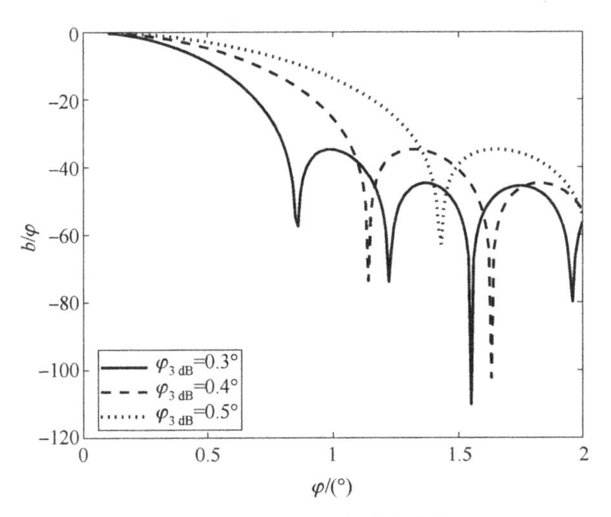

图 5-2　卫星发射波束增益方向图

利用式（5-32）和式（5-34），可以得到完整的卫星链路模型为

$$g_i = \sqrt{b(\varphi_i)}\,\overline{g}_i,(i \triangleq p,e) \tag{5-35}$$

根据文献［95］，$X_i = \overline{\gamma}_i b(\varphi_i)\ |\overline{g}_i|^2,(i \triangleq p,e)$ 的概率密度函数可表示为

$$f_{X_i}(x) = \frac{\alpha_i}{b(\varphi_i)\overline{\gamma}_i}\exp\left(-\frac{\beta_i}{b(\varphi_i)\overline{\gamma}_i}x\right){}_1F_1\left(m_i;1;\frac{\delta_i}{b(\varphi_i)\overline{\gamma}_i}x\right) \tag{5-36}$$

其中，相关的信道参数在前面已经给出。

为了简化分析，我们考虑 LOS 分量衰落参数取整数的情况[46]。在这种场景下，我们下面采用重要公式[137,138]，即

$$_1F_1(a;1;z) = L_{-n}(z) \tag{5-37}$$

和

$$L_n(z) = \exp(z)\sum_{k=0}^{n-1}\frac{(-1)^k\,(1-n)_k z^k}{(k!)^2} \tag{5-38}$$

其中，$(x)_n = x(x+1)\cdots(x+n-1)$，可得

$$_1F_1(m_i;1;\delta_i x) = \exp(\delta_i x)\sum_{k_i=0}^{m_i-1}\frac{(-1)^{k_i}\,(1-m_i)_{k_i}\,(\delta_i x)^{k_i}}{(k_i!)^2} \tag{5-39}$$

将式（5-36）代入式（5-36），可得 $X_i(i \triangleq p,e)$ 的概率密度函数为

$$f_{X_i}(x) = \alpha_i\exp\left(-\frac{\xi_i}{b(\varphi_i)\overline{\gamma}_i}x\right)\sum_{k_i=0}^{m_i-1}\frac{(-1)^{k_i}\,(1-m_i)_{k_i}\delta_i^{k_i}}{(k_i!)^2\,(b(\varphi_i)\overline{\gamma}_i)^{k_i+1}}x^{k_i} \tag{5-40}$$

式中，$\xi_i = \beta_i - \delta_i$。

5.4.1.2　地面链路

考虑到多天线阵列的单元间距尺寸限制或收发天线间的散射体不充分等因素，无线信道往往存在一定的空间相关性，因此本节将地面链路分布推广到更为一般性的相关 Rayleigh 衰落场景。基于 Kronecker 模型，$\boldsymbol{h}_i \in \mathbb{C}^{N\times 1},(i \triangleq s,e)$ 可表示为[139]

$$\boldsymbol{h}_i = \boldsymbol{R}_i^{1/2}\tilde{\boldsymbol{h}}_i,(i \triangleq s,e) \tag{5-41}$$

式中，$\tilde{\boldsymbol{h}}_i \in \mathbb{C}^{N\times 1}$ 各分量服从独立同分布复高斯分布。

利用式（5-41）和式（5-31），可将 $Y_{e,i}(i \triangleq H,P)$ 表示为

$$Y_{e,i} = \overline{\gamma}_{s,i}\,|\boldsymbol{w}_i^{\mathrm{H}}\boldsymbol{h}_e|^2 = \overline{\gamma}_{s,i}\,\boldsymbol{h}_e^{\mathrm{H}}\boldsymbol{w}_i\boldsymbol{w}_i^{\mathrm{H}}\boldsymbol{h}_e = \overline{\gamma}_{s,i}\,\tilde{\boldsymbol{h}}_e^{\mathrm{H}}\underbrace{\boldsymbol{R}_e^{\frac{\mathrm{H}}{2}}\boldsymbol{w}_i\boldsymbol{w}_i^{\mathrm{H}}\boldsymbol{R}_e^{\frac{1}{2}}}_{\boldsymbol{\Phi}_i}\tilde{\boldsymbol{h}}_e \tag{5-42}$$

式中，$\boldsymbol{\Phi}_i \in \mathbb{C}^{N\times N}$ 为半正定矩阵，利用特征值分解，可得

$$\boldsymbol{\Phi}_i = \boldsymbol{R}_e^{\frac{\mathrm{H}}{2}}\boldsymbol{w}_i\boldsymbol{w}_i^{\mathrm{H}}\boldsymbol{R}_e^{\frac{1}{2}} = \boldsymbol{U}_i\boldsymbol{\Sigma}_i\boldsymbol{U}_i^{\mathrm{H}} \tag{5-43}$$

式中，$\Sigma_i = \mathrm{diag}(\lambda_{i,1},\lambda_{i,2},\cdots,\lambda_{i,N}) \in \mathbb{C}^{N\times N}$；$\boldsymbol{U}_i = [\boldsymbol{u}_{i,1},\boldsymbol{u}_{i,2},\cdots,\boldsymbol{u}_{i,N}] \in \mathbb{C}^{N\times N}$；$\lambda_{i,j}$ 和 $\boldsymbol{u}_{i,j}$ 分别为 $\boldsymbol{\Phi}_i$ 的特征值和对应的特征矢量；$\boldsymbol{\Sigma}_i$ 的所有元素按照 $\lambda_{i,1} \geqslant \lambda_{i,2} \geqslant \cdots \geqslant \lambda_{i,N}$ 的顺序排列。

利用拉普拉斯逆变换，可以得到 $Y_{e,H}$ 和 $Y_{e,P}$ 的概率密度函数分别为[139,140]

$$f_{Y_{e,H}}(x) = \sum_{i=1}^{t}\sum_{j=1}^{v_i}\frac{C_{i,j}x^{j-1}}{\Gamma(j)\,(\lambda_{H,i}\overline{\gamma}_{s,H})^j}\exp\left(-\frac{x}{\lambda_{H,i}\overline{\gamma}_{s,H}}\right) \tag{5-44}$$

$$f_{Y_{e,P}}(x) = \sum_{m=1}^{u}\sum_{n=1}^{\mu_m}\frac{C_{m,n}x^{n-1}}{\Gamma(n)\,(\lambda_{P,m}\overline{\gamma}_{s,P})^n}\exp\left(-\frac{x}{\lambda_{P,m}\overline{\gamma}_{s,P}}\right) \tag{5-45}$$

其中，

$$C_{i,j} = \frac{1}{(v_i-j)!(\lambda_{H,i}\overline{\gamma}_{s,H})^{v_i-j}}\frac{\partial^{v_i-j}}{\partial s^{v_i-j}}\left[\prod_{k=1,k\neq i}^{t}\frac{1}{(\lambda_{H,k}\overline{\gamma}_{s,H})}\right]\Bigg|_{s=-1/(\lambda_{H,i}\overline{\gamma}_{s,H})} \tag{5-46}$$

$$C_{m,n} = \frac{1}{(\mu_m-n)!(\lambda_{P,m}\overline{\gamma}_{s,P})^{\mu_m-n}}\frac{\partial^{\mu_m-n}}{\partial s^{\mu_m-n}}\left[\prod_{k=1,k\neq m}^{u}\frac{1}{(\lambda_{P,k}\overline{\gamma}_{s,P})}\right]\Bigg|_{s=-1/(\lambda_{P,m}\overline{\gamma}_{s,P})} \tag{5-47}$$

式中，t 和 u 为不同特征值的个数；v_i 和 μ_m 为 $\lambda_{H,i}$ 和 $\lambda_{P,m}$ 的重根数，且满足 $\sum_{i=1}^{t}v_i = N$ 和 $\sum_{m=1}^{u}\mu_m = N$；$\Gamma(x) = \int_0^{\infty}\exp(-t)t^{x-1}\mathrm{d}t$ 表示 Gamma 函数[96]。

5.4.2 安全中断概率

安全中断概率的定义为：瞬时安全容量低于某一个目标安全容量 R_s 的概率，可表示为[141]

$$P_{\mathrm{out}}(R_s) = \Pr(C_s < R_s) \tag{5-48}$$

利用式（5-4），可以将 $P_{\mathrm{out}}(R_s)$ 进一步展开为

$$P_{\mathrm{out}}(R_s) = \underbrace{\Pr(C_s < R_s\,|\gamma_p > \gamma_e)\Pr(\gamma_p > \gamma_e)}_{I_1} + \underbrace{\Pr(\gamma_p < \gamma_e)}_{I_2} \tag{5-49}$$

根据条件概率基本原理，式（5-49）中的 I_1 可表示为

$$I_1 = \int_0^{\infty}\left[\int_0^{C_s<R_s} f_{\gamma_p|\gamma_e}(y|x)\mathrm{d}y\right]f_{\gamma_e}(x)\mathrm{d}x \tag{5-50}$$

经过必要的数学变换，可得

$$C_s<R_s \Rightarrow \frac{1+\gamma_p}{1+\gamma_e}<2^{R_s} \Rightarrow \gamma_p<2^{R_s}(1+\gamma_e)-1 \tag{5-51}$$

利用 γ_p 和 γ_e 互相独立的性质，式（5-50）可进一步表示为

$$I_1 = \int_0^{\infty}\int_y^{2^{R_s}(1+y)-1} f_{\gamma_p}(x)f_{\gamma_e}(y)\mathrm{d}x\mathrm{d}y \tag{5-52}$$

同样，基于式（5-4），式（5-49）中的 I_2 可表示为

$$I_2 = \int_0^{\infty}\int_0^{y} f_{\gamma_p}(x)f_{\gamma_e}(y)\mathrm{d}x\mathrm{d}y \tag{5-53}$$

因此，将式（5-52）和式（5-53）代入式（5-49），系统的安全中断概率 $P_{\text{out}}(R_s)$ 可表示为

$$P_{\text{out}}(R_s) = \int_0^{\infty}\int_0^{2^{R_s}(1+y)-1} f_{\gamma_p}(x)f_{\gamma_e}(y)\mathrm{d}x\mathrm{d}y = \int_0^{\infty} F_{\gamma_p}(2^{R_s}(1+y)-1)f_{\gamma_e}(y)\mathrm{d}y \tag{5-54}$$

下面将分别求解混合迫零和部分迫零方案下主用户的安全中断概率。

5.4.2.1　混合迫零方案下的安全中断概率

定理 5.1　在混合迫零方案下，主卫星用户安全中断概率的解析表达式为

$$\begin{aligned}
P_{\text{out}}(R_s) = {} & 1 - \alpha_p\alpha_e\exp\left(-\frac{\xi_p(2^{R_s}-1)}{b(\varphi_p)\overline{\gamma}_p(\overline{\gamma}_{s,H}\mathcal{H}+1)}\right) \\
& \cdot\sum_{k_p=0}^{m_p-1}\frac{(-1)^{k_p}(1-m_p)_{k_p}\delta_p^{k_p}}{k_p!\,\xi_p^{k_p-l_p+1}}\sum_{l_p=0}^{k_p}\frac{1}{l_p!\,(b(\varphi_p)\overline{\gamma}_p)^{l_p}(\overline{\gamma}_{s,H}\mathcal{H}+1)^{l_p}} \\
& \cdot\sum_{k_e=0}^{m_e-1}\frac{(-1)^{k_e}(1-m_e)_{k_e}\delta_e^{k_e}}{(k_e!)^2(b(\varphi_e)\overline{\gamma}_e)^{k_e+1}}\sum_{s=0}^{k_e+1}\binom{k_e+1}{s}\sum_{i=1}^{t}\sum_{j=1}^{v_i}\frac{C_{i,j}(s+j-1)!}{\Gamma(j)(\lambda_{H,i}\overline{\gamma}_{s,H})^j} \\
& \cdot\sum_{n=0}^{l_p}\binom{l_p}{n}\frac{2^{nR_s}}{(2^{R_s}-1)^{n-l_p}}\frac{\Gamma(n+k_e+1)}{(\lambda_{H,i}\overline{\gamma}_{s,H})^{n+k_e-s-j+1}}\left(\frac{b(\varphi_e)\overline{\gamma}_e}{\xi_e}\right)^{n+k_e+1} \\
& \cdot U\left(n+k_e+1, n+k_e-s-j+2; \left(\frac{\xi_p 2^{R_s}}{b(\varphi_p)\overline{\gamma}_p}+\frac{\xi_e}{b(\varphi_e)\overline{\gamma}_e}\right)\frac{b(\varphi_e)\overline{\gamma}_e}{\xi_e\lambda_{H,i}\overline{\gamma}_{s,H}}\right)
\end{aligned} \tag{5-55}$$

证明：由式（5-54）出发，首先要计算 $F_{\gamma_p}(x)$ 的结果。利用式（5-26）和式（5-40）以及文献［96］中的积分公式（3.351.1），可得

$$F_{\gamma_p}(x)=1-\alpha_p\exp\left(-\frac{\xi_p}{b(\varphi_p)\overline{\gamma}_p(\overline{\gamma}_{s,H}\mathcal{H}+1)}x\right)\cdot\sum_{k_p=0}^{m_p-1}\frac{(-1)^{k_p}(1-m_p)_{k_p}\delta_p^{k_p}}{k_p!\,\xi_p^{k_p-l_p+1}}\sum_{l_p=0}^{k_p}\frac{1}{l_p!}\frac{x^{l_p}}{(b(\varphi_p)\overline{\gamma}_p)^{l_p}(\overline{\gamma}_{s,H}\mathcal{H}+1)^{l_p}} \tag{5-56}$$

式中，$\mathcal{H}=\sum_{j=N-1}^{N}\delta_{H,j}\left|\boldsymbol{w}_H^{\mathrm{H}}\boldsymbol{v}_{H,j}\right|^2$。

根据条件概率公式，可得$f_{\gamma_e}(x)$的表达式为

$$f_{\gamma_e}(x)=\int_0^\infty(z+1)f_{X_e}(x(z+1))f_{Y_{e,H}}(z)\,\mathrm{d}z \tag{5-57}$$

将式（5-40）和式（5-44）代入式（5-57），并利用文献［96］中的式（3.351.3），可得

$$f_{\gamma_e}(x)=\frac{\alpha_e}{b(\varphi_e)\overline{\gamma}_e}\exp\left(-\frac{\xi_e}{b(\varphi_e)\overline{\gamma}_e}x\right)\sum_{k_e=0}^{m_e-1}\frac{(-1)^{k_e}(1-m_e)_{k_e}\delta_e^{k_e}}{(k_e!)^2}\left(\frac{x}{b(\varphi_e)\overline{\gamma}_e}\right)^{k_e}\cdot\sum_{l=0}^{k_e+1}\binom{k_e+1}{l}\sum_{i=1}^{t}\sum_{j=1}^{v_i}\frac{C_{i,j}(l+j-1)!}{\Gamma(j)(\lambda_{H,i}\overline{\gamma}_{s,H})^j}\left(\frac{\xi_e}{b(\varphi_e)\overline{\gamma}_e}x+\frac{1}{\lambda_{H,i}\overline{\gamma}_{s,H}}\right)^{-(l+j)} \tag{5-58}$$

将式（5-56）和式（5-58）代入式（5-54）并利用文献［142］中的式（2.3.6.9），就能得到$P_{\text{out}}(R_s)$的最终结果。

5.4.2.2 部分迫零方案下的安全中断概率

定理 5.2 在部分迫零方案下，主卫星用户安全中断概率的解析表达式为

$$P_{\text{out}}(R_s)=1-\alpha_p\alpha_e\exp\left(-\frac{\xi_p(2^{R_s}-1)}{b(\varphi_p)\overline{\gamma}_p(\overline{\gamma}_{s,P}\mathcal{P}+1)}\right)\cdot\sum_{k_p=0}^{m_p-1}\frac{(-1)^{k_p}(1-m_p)_{k_p}\delta_p^{k_p}}{k_p!\,\xi_p^{k_p-l_p+1}}\sum_{l_p=0}^{k_p}\frac{1}{l_p!\,(b(\varphi_p)\overline{\gamma}_p)^{l_p}(\overline{\gamma}_{s,P}\mathcal{P}+1)^{l_p}}\cdot\sum_{k_e=0}^{m_e-1}\frac{(-1)^{k_e}(1-m_e)_{k_e}\delta_e^{k_e}}{(k_e!)^2(b(\varphi_e)\overline{\gamma}_e)^{k_e+1}}\sum_{s=0}^{k_e+1}\binom{k_e+1}{s}\sum_{m=1}^{u}\sum_{n=1}^{\mu_m}\frac{C_{m,n}(s+n-1)!}{\Gamma(n)(\lambda_{P,m}\overline{\gamma}_{s,P})^n}\cdot\sum_{z=0}^{l_p}\binom{l_p}{z}\frac{2^{zR_s}}{(2^{R_s}-1)^{z-l_p}}\frac{\Gamma(z+k_e+1)}{(\lambda_{P,m}\overline{\gamma}_{s,P})^{z+k_e-s-n+1}}\left(\frac{b(\varphi_e)\overline{\gamma}_e}{\xi_e}\right)^{z+k_e+1}\cdot U\left(z+k_e+1,z+k_e-s-n+2;\left(\frac{\xi_p 2^{R_s}}{b(\varphi_p)\overline{\gamma}_p}+\frac{\xi_e}{b(\varphi_e)\overline{\gamma}_e}\right)\frac{b(\varphi_e)\overline{\gamma}_e}{\xi_e\lambda_{P,m}\overline{\gamma}_{s,P}}\right) \tag{5-59}$$

证明：类似于式（5-56），可以得到 γ_p 的累积分布函数为

$$F_{\gamma_p}(x) = 1 - \alpha_p \exp\left(-\frac{\xi_p}{b(\varphi_p)\overline{\gamma}_p(\overline{\gamma}_{s,P}\,\mathcal{P}+1)}x\right) \cdot \sum_{k_p=0}^{m_p-1}\frac{(-1)^{k_p}(1-m_p)_{k_p}\delta_p^{k_p}}{k_p!\,\xi_p^{k_p-l_p+1}}\sum_{l_p=0}^{k_p}\frac{1}{l_p!\,(b(\varphi_p)\overline{\gamma}_p)^{l_p}}\frac{x^{l_p}}{(\overline{\gamma}_{s,P}\,\mathcal{P}+1)^{l_p}} \tag{5-60}$$

式中，$\mathcal{P}=\delta_{P,N}\,|\boldsymbol{w}_P^{\mathrm{H}}\boldsymbol{v}_{P,N}|^2$。

采用定理 5.2 中类似的推导方法，可得部分迫零方案下主卫星用户的安全中断概率公式（5-59），具体步骤不再重复。

5.4.3　遍历安全容量

本节假设卫星已知窃听用户的信道状态信息，该假设实际对应的场景是单点或多点广播网络，其用户扮演多重角色，对于某些信号它们作为合法用户存在，而对另一些信号它们作为窃听用户存在。安全容量所针对的是在固定传输信道下的安全性能，基于瞬时信道状态信息描述准静态衰落信道的传输安全问题，因此也称为“瞬时安全容量”。然而，其并未考虑无线信道的衰落特性，若数据包足够长，足以经历信道的所有随机衰落情况，对应的是遍历衰落信道中的遍历安全容量的概念，其数学表达式为[130,143]

$$\overline{C}_s = \mathrm{E}[C_s] = \int_0^{\infty}\int_0^{\infty} C_s f_{\gamma_p,\gamma_e}(x,y)\,\mathrm{d}x\mathrm{d}y \tag{5-61}$$

式中，$f_{\gamma_p,\gamma_e}(x,y)$ 表示 γ_p 和 γ_e 的联合概率密度函数。

根据主卫星用户和窃听用户信道的独立性，将式（5-4）代入式（5-61）可得

$$\overline{C}_s = \int_0^{\infty}\int_y^{\infty}[\log_2(1+x) - \log_2(1+y)]f_{\gamma_e}(y)f_{\gamma_p}(x)\,\mathrm{d}y\mathrm{d}x \tag{5-62}$$

利用分部积分的方法可以进一步将式（5-62）改写为

$$\overline{C}_s = \frac{1}{\ln 2}\int_0^{\infty}\frac{F_{\gamma_e}(y)}{1+y}\left[\int_y^{\infty}f_{\gamma_p}(x)\,\mathrm{d}x\right]\mathrm{d}y = \int_0^{\infty}\int_0^{\infty}\frac{F_{\gamma_e}(x)}{1+x}[1-F_{\gamma_p}(x)]\,\mathrm{d}x \tag{5-63}$$

下面分别推导两种不同波束形成方案下主卫星用户的安全遍历容量。

5.4.3.1　混合迫零方案下的遍历安全容量

定理 5.3　混合迫零方案下，主卫星用户的遍历安全容量的解析表达式为

$$\overline{C}_s = \frac{\alpha_p\alpha_e}{b(\varphi_e)\overline{\gamma}_e}\sum_{k_e=0}^{m_e-1}\frac{(-1)^{k_e}(1-m_e)_{k_e}\delta_e^{k_e}}{(k_e!)^2(b(\varphi_e)\overline{\gamma}_e)^{k_e}}\sum_{i=1}^{t}\sum_{j=1}^{v_i}\frac{C_{i,j}}{\Gamma(j)\,(\lambda_{H,i}\overline{\gamma}_{s,H})^j} \cdot \sum_{s=0}^{l_e}\binom{l_e}{s}(s+j-1)!\sum_{k_p=0}^{m_p-1}\frac{(-1)^{k_p}(1-m_p)_{k_p}\delta_p^{k_p}}{k_p!\,\xi_p^{k_p-l_p+1}}\sum_{l_p=0}^{k_p}\frac{1}{l_p!\,(b(\varphi_p)\overline{\gamma}_p)^{l_p}(\overline{\gamma}_{s,H}\,\mathcal{H}+1)^{l_p}}$$

$$\cdot \frac{(\lambda_{H,i}\overline{\gamma}_{s,H})^{s+j}}{\Gamma(s+j)\vartheta^{k_e+l_p+1}} G^{1,1,1,1,1}_{1,[1:1],1,[1:1]}\left[\begin{array}{c|c} \frac{\xi_e\lambda_{H,i}\overline{\gamma}_{s,H}}{\vartheta b(\varphi_e)\overline{\gamma}_e} & \begin{array}{c}1+k_e+l_p\\ -s-j+1;0\end{array} \\ \frac{1}{\vartheta} & \begin{array}{c}--\\ 0;0\end{array}\end{array}\right] \tag{5-64}$$

证明：为了计算主卫星用户的遍历安全容量的闭式解，首先需要计算 γ_e 的累积分布函数。根据概率论知识，$F_{\gamma_e}(x)$ 可通过下面的积分得到，即

$$F_{\gamma_e}(x)=\int_0^{\infty}F_{X_e}(x(z+1))f_{Y_{e,H}}(z)\,\mathrm{d}z \tag{5-65}$$

利用文献［96］中的式（3.352.2），可以得到 $F_{X_e}(x)$ 的表达式为

$$F_{X_e}(x)=\frac{\alpha_e}{b(\varphi_e)\overline{\gamma}_e}\exp\left(-\frac{\xi_e}{b(\varphi_e)\overline{\gamma}_e}x\right)\sum_{k_e=0}^{m_e-1}\frac{(-1)^{k_e}(1-m_e)_{k_e}\delta_e^{k_e}}{(k_e!)^2}\left(\frac{x}{b(\varphi_e)\overline{\gamma}_e}\right)^{k_e} \tag{5-66}$$

将式（5-66）和 $f_{Y_{e,H}}(z)$ 的表达式代入式（5-65）并利用文献［96］中式（3.352.3），可得

$$F_{\gamma_e}(x)=\frac{\alpha_e}{b(\varphi_e)\overline{\gamma}_e}\exp\left(-\frac{\xi_e}{b(\varphi_e)\overline{\gamma}_e}x\right)\sum_{k_e=0}^{m_e-1}\frac{(-1)^{k_e}(1-m_e)_{k_e}\delta_e^{k_e}}{(k_e!)^2}\left(\frac{x}{b(\varphi_e)\overline{\gamma}_e}\right)^{k_e}$$

$$\cdot\sum_{i=1}^{t}\sum_{j=1}^{\nu_i}\frac{C_{i,j}}{\Gamma(j)(\lambda_{H,i}\overline{\gamma}_{s,H})^j}\sum_{s=0}^{l_e}\binom{l_e}{s}(s+j-1)!\left(\frac{\xi_e}{b(\varphi_e)\overline{\gamma}_e}x+\frac{1}{\lambda_{H,i}\overline{\gamma}_{s,H}}\right)^{-(s+j)} \tag{5-67}$$

将式（5-67）和式（5-56）代入式（5-63），可得

$$\overline{C}_s=\frac{\alpha_p\alpha_e}{b(\varphi_e)\overline{\gamma}_e}\sum_{k_e=0}^{m_e-1}\frac{(-1)^{k_e}(1-m_e)_{k_e}\delta_e^{k_e}}{(k_e!)^2(b(\varphi_e)\overline{\gamma}_e)^{k_e}}\sum_{i=1}^{t}\sum_{j=1}^{\nu_i}\frac{C_{i,j}}{\Gamma(j)(\lambda_{H,i}\overline{\gamma}_{s,H})^j}$$

$$\cdot\sum_{s=0}^{l_e}\binom{l_e}{s}(s+j-1)!\sum_{k_p=0}^{m_p-1}\frac{(-1)^{k_p}(1-m_p)_{k_p}\delta_p^{k_p}}{k_p!\,\xi_p^{k_p-l_p+1}}\sum_{l_p=0}^{k_p}\frac{1}{l_p!\,(b(\varphi_e)\overline{\gamma}_p)^{l_p}(\overline{\gamma}_{s,H}\mathcal{H}+1)^{l_p}}$$

$$\cdot\underbrace{\int_0^{\infty}\frac{x^{k_e+l_e}}{1+x}\exp(-\vartheta x)\left(\frac{\xi_e}{b(\varphi_e)\overline{\gamma}_e}x+\frac{1}{\lambda_{H,i}\overline{\gamma}_{s,H}}\right)^{-(s+j)}\mathrm{d}x}_{I_3} \tag{5-68}$$

式中，$\vartheta=\frac{\xi_p}{b(\varphi_p)\overline{\gamma}_p(\overline{\gamma}_{s,H}\mathcal{H}+1)}+\frac{\xi_e}{b(\varphi_e)\overline{\gamma}_e}$。

为了求解式（5-68）中的积分 I_3，利用文献［102］中的式（11）对 $\frac{1}{1+x}$ 和

$\left(\dfrac{\xi_e}{b(\varphi_e)\overline{\gamma}_e}x + \dfrac{1}{\lambda_{H,i}\overline{\gamma}_{s,H}}\right)^{-(s+j)}$ 做下面的恒等变换：

$$\frac{1}{1+x} = G_{1,1}^{1,1}\left[x \middle| \begin{matrix} 0 \\ 0 \end{matrix}\right] \tag{5-69}$$

和

$$\left(\frac{\xi_e}{b(\varphi_e)\overline{\gamma}_e}x + \frac{1}{\lambda_{H,i}\overline{\gamma}_{s,H}}\right)^{-(s+j)} = \frac{(\lambda_{H,i}\overline{\gamma}_{s,H})^{s+j}}{\Gamma(s+j)} G_{1,1}^{1,1}\left[\frac{\xi_e\lambda_{H,i}\overline{\gamma}_{s,H}}{b(\varphi_e)\overline{\gamma}_e}x \middle| \begin{matrix} -s-j+1 \\ 0 \end{matrix}\right] \tag{5-70}$$

利用文献［104］中的积分公式（3.1），可得

$$\begin{aligned} I_3 &= \frac{(\lambda_{H,i}\overline{\gamma}_{s,H})^{s+j}}{\Gamma(s+j)}\int_0^\infty x^{k_e+l_p}\exp(-\vartheta x)\, G_{1,1}^{1,1}\left[\frac{\xi_e\lambda_{H,i}\overline{\gamma}_{s,H}}{b(\varphi_e)\overline{\gamma}_e}x \middle| \begin{matrix} -s-j+1 \\ 0 \end{matrix}\right] G_{1,1}^{1,1}\left[x \middle| \begin{matrix} 0 \\ 0 \end{matrix}\right] \mathrm{d}x, \\ &= \frac{(\lambda_{H,i}\overline{\gamma}_{s,H})^{s+j}}{\Gamma(s+j)\vartheta^{k_e+l_p+1}} G_{1,[1:1],1,[1:1]}^{1,1,1,1,1}\left[\begin{matrix} \dfrac{\xi_e\lambda_{H,i}\overline{\gamma}_{s,H}}{\vartheta b(\varphi_e)\overline{\gamma}_e} \\ \\ \dfrac{1}{\vartheta} \end{matrix} \middle| \begin{matrix} 1+k_e+l_p \\ -s-j+1;0 \\ -- \\ 0;0 \end{matrix}\right] \end{aligned} \tag{5-71}$$

将式（5-71）代入式（5-68）并进行必要的数学计算，最终得到的解析表达式如式（5-64）所示。

5.4.3.2　部分迫零方案下的遍历安全容量

定理 5.4　部分发射迫零方案下，主卫星用户的遍历安全容量可表示为

$$\begin{aligned} \overline{C}_s = &\frac{\alpha_p\alpha_e}{b(\varphi_e)\overline{\gamma}_e}\sum_{k_e=0}^{m_e-1}\frac{(-1)^{k_e}(1-m_e)_{k_e}\delta_e^{k_e}}{(k_e!)^2(b(\varphi_e)\overline{\gamma}_e)^{k_e}}\sum_{m=1}^{u}\sum_{n=1}^{\mu_m}\frac{C_{m,n}}{\Gamma(n)(\lambda_{P,m}\overline{\gamma}_{s,P})^n} \\ &\cdot\sum_{v=0}^{l_e}\binom{l_e}{v}(v+n-1)!\sum_{k_p=0}^{m_p-1}\frac{(-1)^{k_p}(1-m_p)_{k_p}\delta_p^{k_p}}{k_p!\,\xi_p^{k_p-l_p+1}}\sum_{l_p=0}^{k_p}\frac{1}{l_p!\,(b(\varphi_p)\overline{\gamma}_p)^{l_p}(\overline{\gamma}_{s,P}\mathcal{P}+1)^{l_p}} \\ &\cdot\frac{(\lambda_{P,m}\overline{\gamma}_{s,P})^{v+n}}{\Gamma(v+n)\overline{\omega}^{k_e+l_p+1}} G_{1,[1:1],1,[1:1]}^{1,1,1,1,1}\left[\begin{matrix} \dfrac{\xi_e\lambda_{P,m}\overline{\gamma}_{s,P}}{\overline{\omega}b(\varphi_e)\overline{\gamma}_e} \\ \\ \dfrac{1}{\overline{\omega}} \end{matrix} \middle| \begin{matrix} 1+k_e+l_p \\ -v-n+1;0 \\ -- \\ 0;0 \end{matrix}\right] \end{aligned} \tag{5-72}$$

证明：采用与混合发射迫零方案类似的推导方法，即可得到与定理 5.3 相同的结果，在此就不详细推导。

5.5 仿真分析

本节通过 Monte Carlo 仿真来验证所提优化方案的有效性以及安全性能指标理论推导的正确性。假设基站配置均匀直线阵列（Uniform Linear Array，ULA），则各地面链路的协方差矩阵 $\boldsymbol{R}_i,(i \triangleq p,s,e)$ 中任意第 m 行第 n 列元素可表示为[144]

$$[\boldsymbol{R}_i]_{m,n} \approx \frac{1}{2\pi}\int_0^{2\pi} \exp\left[-\mathrm{j}2\pi(m-n)\Delta\theta_i \frac{d}{\lambda}\sin\theta_i\right]\mathrm{d}\theta \tag{5-73}$$

式中，d 为各阵元之间的间距；θ_i 为发射角，$\Delta\theta_i$ 为角度拓展；λ 为载波波长。

在后续的仿真实验过程中，假设半波长阵元间距 $d=\lambda/2$，次级地面用户和主卫星用户分别位于发射角 $\theta_s=0°$ 和 $\theta_p=40°$ 方向上。在已知地面基站到主卫星用户链路不准确信道状态信息时，信道状态信息误差分量服从 $\Delta\boldsymbol{h}_p \sim \mathcal{N}_C(0,\Delta\boldsymbol{R}_p)$，且同时满足 $\mathrm{tre}(\Delta\boldsymbol{R}_p)=\tau N$，其中 τ 表示信道误差系数[133]。主卫星用户和窃听用户信道参数 $g_i \sim \mathrm{SR}(\Omega_i,b_i,m_i),(i\triangleq p,e)$ 如表 2-1 所示，在仿真分析中对 LOS 分量衰落系数进行了取整简化。此外，仿真中的其他重要系统参数如表 5-1 所示。为了便于表示，在下面的仿真分析中令混合发射迫零和部分发射迫零波束形成方案分别表示为方案一和方案二。此外，为了体现星地融合网络的性能优势，只单独考虑卫星网络的场景（Satellite Network Only，SAT Only）也在仿真中给出。

表 5-1　系统参数

参数	数值
卫星发射功率	40 W
基站发射功率	20~60 dBm
3 dB 波束角（$\varphi_{3\,\mathrm{dB}}$）	0.4°
卫星波束中心与主用户夹角（φ_p）	0.01°
卫星波束中心与窃听用户夹角（φ_e）	0.8°
干扰信噪比阈值	$\gamma_{\mathrm{th}}=0$
干扰概率约束	$p_{\mathrm{out}}=10^{-4}$
地面链路角度扩展 $\Delta\theta_i(i\triangleq p,s,e)$	5°（强相关） 30°（中等相关） 50°（弱相关）

图 5-3 给出了不同误差系数 τ 下主用户安全中断概率随地面基站最大发射功率 $P_{\max}$ 的变化曲线，其中 $\Delta\theta_s=\Delta\theta_e=5°,\theta_e=-20°,N=4$，$g_p$ 和 g_e 链路的卫星信道参数满足 FHS 衰落。为了对比分析，仿真中还给出了不考虑地面基站到主用户链路 CSI 误差的传统迫零方案曲

线。从图 5-3 中可以看出：①理论曲线与 Monte Carlo 仿真完全一致，验证了所推导安全性能表达式的正确性。②所提出的混合迫零方案性能优于传统迫零方案，这主要是因为在 CSI 存在估计误差的情况下，混合迫零方案同时考虑了信道状态信息估计分量和误差分量，能够抑制绝大部分对主卫星用户的干扰。相应地，基站处所允许的最大发射功率 $P_{\max}$ 也会增大。③对于传统迫零方案，主卫星用户的安全中断概率随着误差系数 τ 的增大而出现“平台效应”，这是由于考虑干扰概率约束条件的存在，当 $P_{\max}$ 增大到一定范围时，地面基站的发射功率受到主卫星用户处的干扰阈值的限制。④随着误差系数 τ 的增大，主用户的安全中断概率性能更加恶化，且“中断平台”逐渐上升，这是因为误差系数 τ 增大，信道误差越大，因此对主卫星用户的干扰越大，导致地面基站发射功率进一步受限。⑤所提出的混合迫零方案在不同误差系数 τ 下都没有出现“平台效应”，这表明了本章所提出的波束形成方案对不准确信道状态信息有较好的稳健性，且在提升主卫星用户安全性能的同时保证对其干扰在可接受范围内。

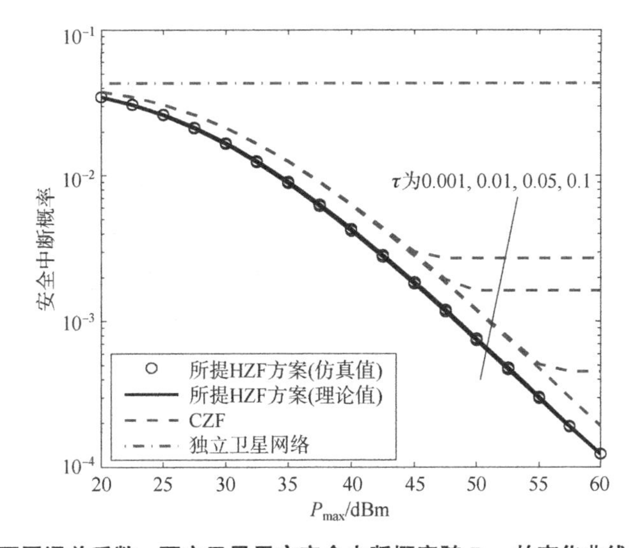

图 5-3　不同误差系数 τ 下主卫星用户安全中断概率随 $P_{\max}$ 的变化曲线（方案一）

图 5-4 给出了不同卫星信道参数下主卫星用户安全中断概率随基站最大发射功率 $P_{\max}$ 的变化曲线，其中 $\Delta\theta_s=\Delta\theta_e=5°,\theta_e=-20°,N=4,\tau=0.05$。从仿真结果中可以看出，卫星信道参数对于系统的安全中断概率也有着重要的影响，在 $P_{\max}$ 相同情况下，g_p 满足 ILS 分布且 g_e 满足 FHS 分布，即主卫星用户链路满足浅阴影衰落且窃听用户满足深度阴影衰落的场景下系统的安全中断概率最低，并视为能使系统安全性能最好的一组信道参数。这是由于阴影效应越强，链路的信道质量由于直达路径分量的遮蔽而变差。此外，当主卫星用户和窃听用户的信道阴影效应同时减弱时，系统的安全中断概率得到提升，这是因为信道的直达路径链路增强时，信道的随机性减弱，相应地减小了窃听用户链路质量优于主用户链路质量的概率。

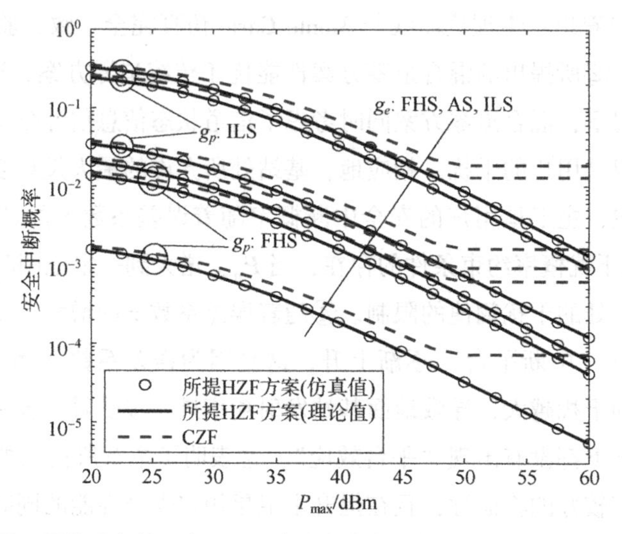

图 5-4 不同卫星信道参数下主卫星用户安全中断概率随 P_{max} 的变化曲线（方案一）

图 5-5 给出了不同误差系数 τ 下主卫星用户遍历安全容量随 P_{max} 的变化曲线，其中 $\Delta\theta_s = \Delta\theta_e = 5°, \theta_e = -20°, N = 4, g_p$ 和 g_e 链路的卫星信道参数满足 FHS 衰落。从仿真结果中可以看出：①安全遍历容量理论曲线和 Monte Carlo 仿真结果一致，证明了理论推导的正确性；②在混合迫零方案性下，主卫星用户的遍历安全容量性能明显优于传统迫零方案，且误差系数的变化不影响系统性能；③对于传统迫零方案，随着误差系数 τ 的增大，地面基站到主卫星用户链路的信道状态信息误差越大，主卫星用户干扰约束条件起到主要决定作用，限制了地面基站最大发射功率，进而出现了“平台效应”。图 5-6 给出了地面基站到窃听用户干扰链路不同发射角 θ_e 和角度拓展 $\Delta\theta_e$ 下主卫星用户遍历安全容量随 P_{max} 的变化曲线，其中 $\Delta\theta_s = 5°, N = 4, \tau = 0.05, g_p$ 和 g_e 链路的卫星信道参数满足 FHS 衰落。从图中不难发现：①当地面基站到窃听用户和地面基站到次级用户链路之间的角度越小时，窃听用户所接收到的干扰信号就越强，其接收信噪比就会降低，相应地主用户的安全容量得到提升；②系统的遍历安全容量随着地面基站到窃听用户干扰信道的角度扩展系数增大而减小，这是由于 $\Delta\theta_e$ 越大，信道相关性越弱，即干扰链路信道质量越好，那么窃听用户接收到的瞬时容量就越大，相应的主卫星用户的安全容量减小。

已知地面基站到主用户干扰链路统计信道状态信息时，图 5-7 给出了不同角度扩展 $\Delta\theta_p$ 下，系统的安全中断概率性能曲线，其中 $\Delta\theta_s = \Delta\theta_e = 5°, \theta_e = -20°, N = 4, g_p$ 和 g_e 链路的卫星信道参数满足 FHS 衰落。为了对比分析，仿真中还给出了文献［74］中线性约束最小方差（Linearly Constrained Minimum Variance，LCMV）方案下的安全性能曲线。从图中可以看出：①在强相关和中等相关条件下，所提出的部分迫零方案与文献［74］中方案性能接近；②在弱相关条件下所提方案要明显优于 LCMV 方案；尽管两种方案在 P_{max} 较大时，系统的安全中断概率都出现了“平台效应”，但是由于部分迫零方案抑制干扰能力更强，所以得到的安全中断概率要优于 LCMV 方案且“中断平台”也得到了降低。

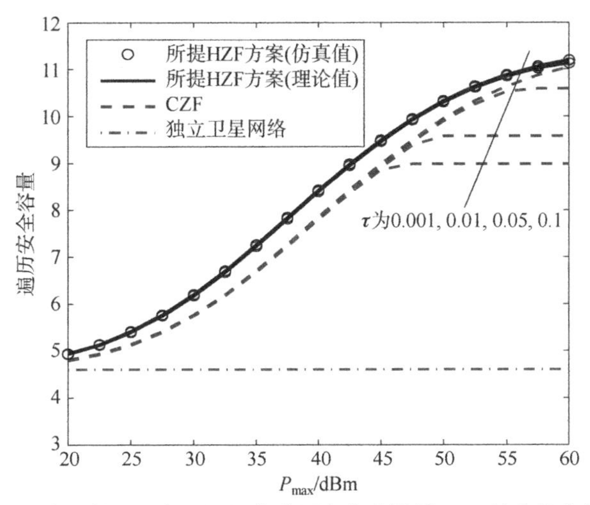

图 5-5　不同误差系数 τ 下主卫星用户遍历安全容量随 P_{max} 的变化曲线（方案一）

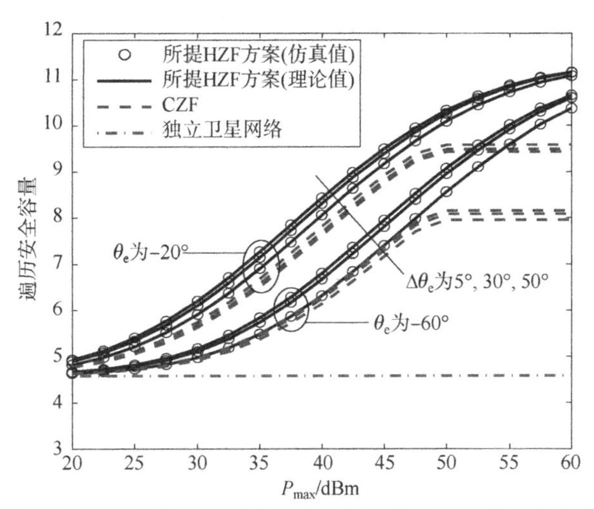

图 5-6　不同 θ_e 和 $\Delta\theta_e$ 下主卫星用户遍历安全容量随 P_{max} 的变化曲线（方案一）

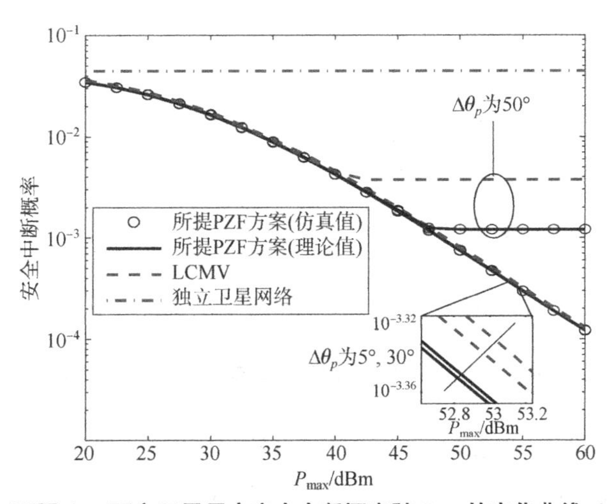

图 5-7　不同 $\Delta\theta_p$ 下主卫星用户安全中断概率随 P_{max} 的变化曲线（方案二）

图 5-8 给出了不同卫星信道参数下主卫星用户安全中断概率随 $P_{\max}$ 的变化曲线，其中 $\Delta\theta_p=50°,\Delta\theta_s=\Delta\theta_e=5°,\theta_e=-20°,N=4$。可以看出，系统的安全中断概率随着 g_p 链路的阴影效应减弱或者 g_e 的阴影效应增强而减小，这与图 5-3 中的结果一致。图 5-9 给出了基站到主卫星用户链路不同角度扩展系数 $\Delta\theta_p$ 下系统的遍历安全容量随 $P_{\max}$ 的变化曲线，其中 $\Delta\theta_s=\Delta\theta_e=5°,\theta_e=-20°,N=4,g_p$ 和 g_e 链路的 LMS 参数为 FHS 衰落。从图中可以看出，在强相关和中等相关的情况下，两种方案遍历安全容量的性能接近。在弱相关情况下，尽管两种方案都出现了“平台效应”，但是所提出的部分迫零方案能明显使得系统的“中断平台”得到下降。

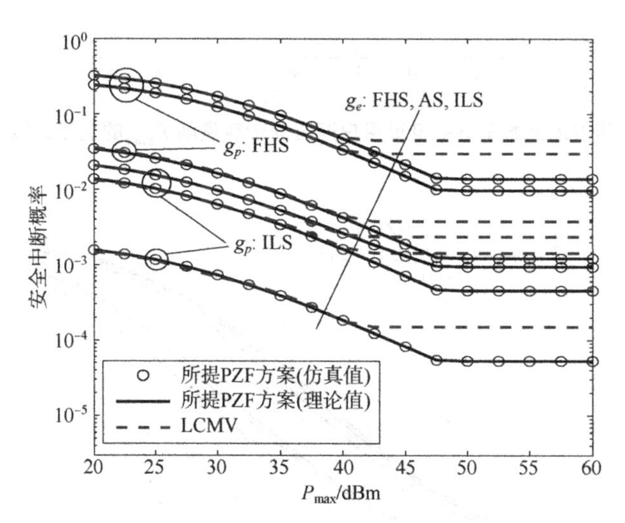

图 5-8 不同卫星信道参数下主卫星用户安全中断概率随 $P_{\max}$ 的变化曲线（方案二）

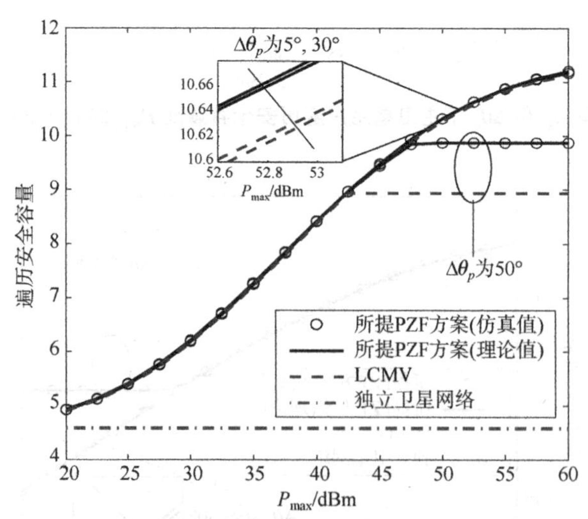

图 5-9 不同 $\Delta\theta_p$ 下主卫星用户遍历安全容量随 $P_{\max}$ 的变化曲线（方案二）

图 5-10 分析了不同 θ_e 和 $\Delta\theta_e$ 下主卫星用户的遍历安全容量随 $P_{\max}$ 的变化曲线，其中 $\Delta\theta_p=50°,\Delta\theta_s=5°,N=4,g_p$ 和 g_e 链路的卫星信道参数满足 FHS 衰落。通过图中曲线不难发

现，当窃听用户更加靠近次级地面用户或者基站到窃听用户链路的相关性越弱时，窃听用户受到的干扰增强，进而主卫星用户的安全性能得到提升。

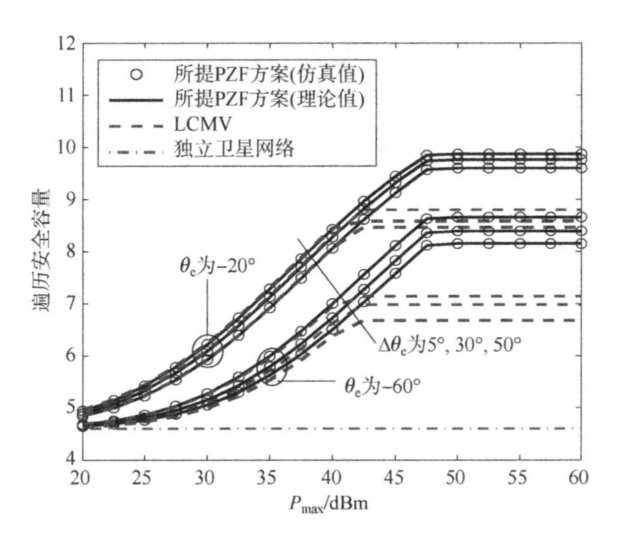

图 5-10 不同 θ_e 和 $\Delta\theta_e$ 下主卫星用户安全遍历安全容量随 P_{max} 的变化曲线（方案二）

5.6 小 结

本章针对存在窃听用户的星地融合认知传输网络，研究了如何利用次级地面网络到主卫星网络干扰来提升主卫星用户安全传输性能的方案。针对已知不准确和部分干扰链路信道状态信息两种情况，基于次级用户网络传输速率最大化准则以及主卫星用户干扰门限约束，分别提出了混合发射迫零和部分发射迫零两种地面基站波束形成方案。在此基础上进一步推导了主卫星用户在不同场景下的安全性能表达式。仿真结果表明，所提出的波束形成方案在满足主卫星用户干扰阈值的条件下同时有效提升了其安全性能。

第6章
星地融合认知网络协同资源优化方法

6.1 引　言

由于卫星通信系统通信距离远、覆盖范围广和组网灵活的特点，卫星通信被广泛应用在军事和民用领域，拥有广阔的发展前景。然而，面对卫星频谱资源日益紧缺和地面通信频谱资源未被充分利用的情况，认知星地融合网络的研究可以弥补这一不足，拥有巨大的研究价值。在星地融合认知协同传输网络中，卫星网络与地面网络共享频谱资源，卫星用户和地面用户分别作为主卫星用户和次级用户共存。将人工噪声技术与波束形成技术相结合来促进物理层技术的研究也是近些年的研究热点。文献［145］研究了多输入多输出系统中人工噪声辅助安全传输问题。文献［146］提出了一种基于加权分数傅里叶变换的人工噪声数据传输方法来实现卫星传输的物理层安全，该数据传输方法在发射端信道状态信息不精确已知的情况下性能表现上优于传统的人工噪声方法。文献［147］将人工噪声技术应用到星地混合网络中来提升系统安全性能，优化人工噪声协方差矩阵达到目标要求。本章针对安全威胁下星地融合网络认知网络中的协同资源优化问题展开了研究，主要内容安排如下：6.2节首先介绍星地融合网络认知传输模型与信道建模；6.3节给出最小化发射功率准则下的波束形成和人工噪声联合优化方案设计；6.4节给出计算机仿真结果并且得到了相应的结论；6.5节对本章上进行总结。

6.2　系统模型与信道建模

在本章所研究的星地融合网络中，存在一个卫星网络和多个地面次级网络，多个单独的网络共享频谱资源，一起构成一个星地融合网络。在卫星网络中包含一个卫星、一个卫星主用户和多个窃听者，地面次级网络 N 中包含一个地面基站和多个次级地面用户。本章首先针对研究内容建立星地融合网络系统模型；然后进行信道建模，并根据信道建模情况表示出卫星网络中和各个地面网络中各个节点所接收到的信号模型。

6.2.1　系统模型

如图 6-1 所示，本章研究了一个下行链路的星地融合无线网络，其中卫星通信网络作为主网络，包含一个主卫星用户（Primary User，PU）和多个窃听者（Eavesdropper，EVE）。N 个地面蜂窝网络作为次级网络，每个地面次级网络中包含一个地面基站（Base Station，BS）和多个次级用户（Secondary User，SU）。为了提高频谱效率，卫星主网络与地面次级网络共用相同的频率，因此主网络在进行通信时卫星信号会对次级用户产生干扰，窃听者窃听卫星发送给主卫星用户的信号。在第 n 个次级网络中，基站发送有用信号给该次级网络中的 M_n 个次级用户，同时次级网络在进行通信时地面基站也会发送干扰信号给主卫星用户和窃听者，可以通过波束形成方案设计对窃听者产生较大的干扰来提升主卫星用户的安全容量。在该融合网络中，主卫星用户、窃听者和次级地面用户分别安装单天线，而卫星和地面基站上分别安装有多根天线。其中，卫星上安装有 N_0 根天线，次级地面网络中的基站假设都安装有 N_1 根天线。研究内容的主要目的是提升主卫星用户的安全容量，削弱非法用户处接收到信号的功率，同时保证次级地面用户的接收信号质量满足要求。与大多数前人的研究工作相类似，本章假设所有信道都为相关衰减信道，同时均能估计出各个节点处的完美信道状态信息。

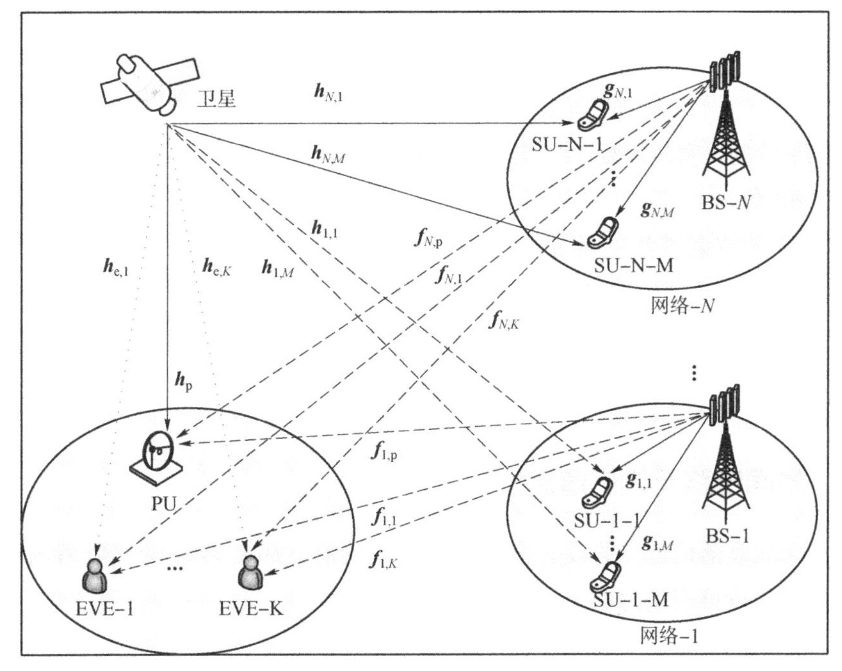

图 6-1　星地融合网络系统模型

6.2.2　多波束卫星下行链路信道建模

卫星通信与地面无线通信有着本质的区别。本章所研究的卫星信道模型主要考虑雨衰和波束增益这两部分的影响。

1. 雨衰

卫星信号在传输过程中会受到多种多样因素的影响，其中包括大气、环境、衍射、电离层等影响，我们把这些影响总结为雨衰造成的影响，在高频段通信中雨衰是卫星固定服务过程中的主要影响因素，尤其是频率在 10 GHz 以上的情况。为了将雨衰造成的影响准确地进行信道建模，我们应用 ITU-RP. 618-10 材料中的内容进行数学建模[119]，信道衰减函数部分用 log 函数进行数学估计。考虑上述条件造成的影响，通过数学建模方法我们可以得到估计出来的雨衰系数，雨衰系数的数学估计表达式为

$$\tilde{\boldsymbol{h}} = \beta^{-\frac{1}{2}} \mathrm{e}^{-\mathrm{j}\phi} \tag{6-1}$$

式中，ϕ 代表在$[0,2\pi)$区间均匀分布的 $N_0 \times 1$ 相位矢量。

功率增益β 的单位用 dB 表示，可以写为$\beta_{\mathrm{dB}} = 20\lg_{10}(\beta)$，$\beta_{\mathrm{dB}}$ 为服从对数随机正态分布变量 $\ln(\beta_{\mathrm{dB}}) \sim N(\mu,\delta)$，$\mu$ 和 δ 取决于信号接收者的位置、工作频率、极化方式和高度角。

2. 波束增益

波束增益与卫星天线工作模式和信号接收端的位置有关，根据文献［78］，第 m 个信号接收端的波束增益可表示为

$$b(m) = \left(\frac{J_1(u_m)}{2u_m} + 36\frac{J_3(u_m)}{{u_m}^3}\right)^2 \tag{6-2}$$

同时，μ_m 可表示为

$$u_m = 2.071\,23\sin\theta_m/\sin(\theta_{3\,\mathrm{dB}})_m \tag{6-3}$$

式中，J_v 为第 v 阶的贝塞尔函数；θ_m 为第 m 个接收者与波束中心相对卫星的角度；$(\theta_{3\,\mathrm{dB}})_m$ 为其对应的 3 dB 角。

定义 $N_0 \times 1$ 的波束增益矢量 $\boldsymbol{b}$ 为第 m 个接收端的波束增益矢量，根据式（6-2）和式（6-3）的内容，接收端的卫星信道可表示为

$$\boldsymbol{h} = \tilde{\boldsymbol{h}} \odot \boldsymbol{b}^{\frac{1}{2}} \tag{6-4}$$

式中，$\tilde{\boldsymbol{h}}$ 为雨衰矢量；$\boldsymbol{b}$ 为波束增益矢量。

6.2.3 地面链路无线信道建模

对于地面无线衰落信道，假设它服从相关瑞利衰落，那么第 m 个接收者与相对应的地面基站间的信道矢量可表示为

$$\boldsymbol{g}_m = \sum_{l=1}^{L_m} \rho_{m,l}\, \boldsymbol{a}_m(\alpha_l) \tag{6-5}$$

式中，L_m 为多径的数目；$\rho_{m,\,l}$ 为信道衰落系数，$\alpha_l \in [\overline{\alpha}_m - \Delta\alpha/2, \overline{\alpha}_m + \Delta\alpha/2]$ 为第 l 条路径的到达角；$\overline{\alpha}_m$ 为平均簇到达角；$\Delta\alpha$ 为角度散射的大小。

由于地面基站采用均匀线阵天线，所以阵元导引矢量 $\boldsymbol{a}_m(\alpha_l)$ 可表示为

$$\boldsymbol{a}_m(\alpha_l) = [1, \exp(\mathrm{j}kd\sin(\alpha_l)), \cdots, \exp(\mathrm{j}(N-1)kd\sin(\alpha_l))]^{\mathrm{T}} \tag{6-6}$$

6.2.4　信号模型

根据前面所介绍的系统模型和信道模型，我们可以表示出地面接收端所接收到的信号。在上面所描述的星地融合通信系统中，假设卫星发送给主卫星用户的信号为 s_0，在发送前信号通过波束形成权矢量 $\boldsymbol{w}_0 \in \mathbb{C}^{N_0 \times 1}$ 进行加权处理，发送卫星信号 s_0 满足 $E[\,|s_0|^2] = 1$。第 n 个地面网络中基站发送给第 m 个次级地面用户的信号为 $s_{n,m}$，在发送地面基站信号前通过波束形成权矢量 $\boldsymbol{w}_1 \in \mathbb{C}^{N_1 \times 1}$ 进行加权处理，发送的地面信号满足 $E[\,|s_{n,m}|^2]=1(n=1,2,\cdots,N,m=1,2,\cdots,M_n)$。因此，卫星端和第 n 个地面基站的发送信号 $\boldsymbol{x}_0$ 和 $\boldsymbol{x}_n$ 可以分别表示为

$$\begin{cases}\boldsymbol{x}_0 = \boldsymbol{w}_0 s_0 \\ \boldsymbol{x}_n = \sum\limits_{m=1}^{M_n} \boldsymbol{w}_{n,m} s_{n,m}\end{cases} \tag{6-7}$$

在主卫星用户、窃听者和次级地面用户处接收到的信号可分别表示为

$$\begin{cases} y_p = \boldsymbol{h}_p^{\mathrm{H}} \boldsymbol{x}_0 + \sum\limits_{n=1}^{\mathrm{N}} \boldsymbol{f}_{n,p}^{\mathrm{H}} \boldsymbol{x}_n + n_p = \boldsymbol{h}_p^{\mathrm{H}} \boldsymbol{w}_0 s_0 + \sum\limits_{n=1}^{N}\sum\limits_{m=1}^{M_n} \boldsymbol{f}_{n,p}^{\mathrm{H}} \boldsymbol{w}_{n,m} s_{n,m} + n_p, \\ y_{e,k} = \boldsymbol{h}_{e,k}^{\mathrm{H}} x_0 + \sum\limits_{n=1}^{N} \boldsymbol{f}_{n,k}^{\mathrm{H}} \boldsymbol{x}_n + n_{e,k} = \boldsymbol{h}_{e,k}^{\mathrm{H}} \boldsymbol{w}_0 s_0 + \sum\limits_{n=1}^{N}\sum\limits_{m=1}^{M_n} \boldsymbol{f}_{n,k}^{\mathrm{H}} \boldsymbol{w}_{n,m} s_{n,m} + n_{e,k}, \\ y_{n,m} = \boldsymbol{g}_{n,m}^{\mathrm{H}} \boldsymbol{x}_n + \boldsymbol{h}_{n,m}^{\mathrm{H}} \boldsymbol{x}_0 + n_{n,m} = \sum\limits_{m=1}^{M_n} \boldsymbol{g}_{n,m}^{\mathrm{H}} \boldsymbol{w}_{n,m} s_{n,m} + \boldsymbol{h}_{n,m}^{\mathrm{H}} \boldsymbol{w}_0 s_0 + n_{n,m}, \end{cases} \tag{6-8}$$

式中，$n_i \sim \mathcal{N}(0,\delta_i^2)(\forall i)$ 为主卫星用户、次级地面用户和窃听者处产生的加性高斯白噪声；$\boldsymbol{h}_p \in \mathbb{C}^{N_0 \times 1}$ 为卫星和主卫星用户之间的信道矢量；$\boldsymbol{h}_{e,k} \in \mathbb{C}^{N_0 \times 1}$ 为卫星与窃听者之间的信道矢量；$\boldsymbol{h}_{n,m} \in \mathbb{C}^{N_0 \times 1}$ 为卫星与次级地面用户之间的信道矢量，$\boldsymbol{f}_{n,p} \in \mathbb{C}^{N_1 \times 1}$ 为地面基站与主卫星用户之间的信道矢量；$\boldsymbol{f}_{n,k} \in \mathbb{C}^{N_1 \times 1}$ 为地面基站与窃听者之间的信道矢量；$\boldsymbol{g}_{n,m} \in \mathbb{C}^{N_1 \times 1}$ 为地面基站与次级地面用户之间的信道矢量。

因此，主卫星用户、窃听者和次级地面用户处接收信号的信干噪比可以表示为

$$\begin{cases} \mathrm{SINR}_p = \dfrac{|\boldsymbol{h}_p^{\mathrm{H}} \boldsymbol{w}_0|^2}{\sum\limits_{n=1}^{N}\sum\limits_{m=1}^{M_n} |\boldsymbol{f}_{n,p}^{\mathrm{H}} \boldsymbol{w}_{n,m}|^2 + \delta_p^2} \\ \mathrm{SINR}_{e,k} = \dfrac{|\boldsymbol{h}_{e,k}^{\mathrm{H}} \boldsymbol{w}_0|^2}{\sum\limits_{n=1}^{N}\sum\limits_{m=1}^{M_n} |\boldsymbol{f}_{n,k}^{\mathrm{H}} \boldsymbol{w}_{n,m}|^2 + \delta_{e,k}^2} \\ \mathrm{SINR}_{n,m} = \dfrac{|\boldsymbol{g}_{n,m}^{\mathrm{H}} \boldsymbol{w}_{n,m}|^2}{\sum\limits_{i=1,i\neq m}^{M_n} |\boldsymbol{g}_{n,m}^{\mathrm{H}} \boldsymbol{w}_{n,i}|^2 + |\boldsymbol{h}_{n,m}^{\mathrm{H}} \boldsymbol{w}_0|^2 + \delta_{n,m}^2} \end{cases} \tag{6-9}$$

根据文献［120］中的内容，主卫星用户的可达安全速率可表示为

$$C_p = [\log_2(1+\mathrm{SINR}_p) - \max_{k\in\{1,2,\cdots,K\}}(\log_2(1+\mathrm{SINR}_{e,k}))]^+ \tag{6-10}$$

式中,中括号[ ]中的内容代表 $[x]^+ = \max(x,0)$。

6.3 优化方案设计

本节的研究内容是在各个节点信道状态信息完全已知的情况下，以卫星和各个地面基站的发射功率最小化为目标函数建立优化问题，约束条件为主卫星用户的安全容量和次级地面用户的信干噪比满足要求。首先通过引入新变量将原始优化问题转化为标准的半正定规划问题；然后通过迭代算法计算求解出最优波束形成权矢量。

6.3.1 优化问题的建立

根据上述要求和介绍可以建立优化问题，本节所研究优化问题的目标函数是卫星和各个地面基站发射总功率最小化，旨在优化波束形成权矢量达到这一优化目标，同时卫星主用户的安全容量和次级地面用户的信干噪比满足要求。因此，优化问题的数学表达式为

$$\begin{cases} \min\limits_{\boldsymbol{w}_0,\boldsymbol{w}_{n,m}} \|\boldsymbol{w}_0\|^2 + \sum\limits_{n=1}^{N}\sum\limits_{m=1}^{M_n}\|\boldsymbol{w}_{n,m}\|^2 \\ \text{s.t. } C_p \geqslant R \\ \mathrm{SINR}_{n,m} \geqslant \gamma_{n,m} \end{cases} \tag{6-11}$$

本章所研究的优化问题的好处可以是总结如下。首先，通过波束形成方案设计地面基站可以显著简化机载信号的处理负担，同时减少相关实施成本。然后，联合优化设计方案增加了灵活性并可进一步实现协同运行，会带来额外的性能提高。同时，由于窃听者的存在，该优化问题是非凸的。最后，讨论如何具体求解优化问题。

6.3.2 迫零波束形成方案

为了简化上述优化问题式（6-11)，本节采用的是传统的迫零波束形成方案，要求是窃听者接收到卫星的有用信号功率趋近于0，这样卫星信号就不会发生泄漏。因此，迫零波束形成方案要满足，即

$$\boldsymbol{w}_0^{\mathrm{H}}\boldsymbol{h}_{e,k} = 0,\quad k=1,2,\cdots,K \tag{6-12}$$

为了上述迫零波束形成方案正常使用，要求天线的空间自由度最少为 $1+K$，可以理解为需要有足够的天线来满足这一限制 $N_0>(1+K)$。应用迫零波束形成方案后，卫星主用户的可达安全速率可以表示为

$$C_p = \log_2\left(1 + \frac{|\boldsymbol{h}_p^{\mathrm{H}} \boldsymbol{w}_0|^2}{\sum_{n=1}^{N}\sum_{m=1}^{M_n} |\boldsymbol{f}_{n,p}^{\mathrm{H}} \boldsymbol{w}_{n,m}|^2 + \delta_p^2}\right) \tag{6-13}$$

原始的优化问题可重新表示为

$$\begin{cases} \min\limits_{\boldsymbol{w}_0, \boldsymbol{w}_{n,m}} \|\boldsymbol{w}_0\|^2 + \sum\limits_{n=1}^{N}\sum\limits_{m=1}^{M_n} \|\boldsymbol{w}_{n,m}\|^2 \\ \text{s. t. } |\boldsymbol{h}_p^{\mathrm{H}} \boldsymbol{w}_0|^2 - (2^R - 1)\left(\sum\limits_{n=1}^{N}\sum\limits_{m=1}^{M_n} |\boldsymbol{f}_{n,p}^{\mathrm{H}} \boldsymbol{w}_{n,m}|^2 + \delta_p^2\right) \geqslant 0 \\ |\boldsymbol{g}_{n,m}^{\mathrm{H}} \boldsymbol{w}_{n,m}|^2 - \gamma_{n,m}\left(\sum\limits_{i=1, i \neq m}^{M_n} |\boldsymbol{g}_{n,m}^{\mathrm{H}} \boldsymbol{w}_{n,i}|^2 + |\boldsymbol{h}_{n,m}^{\mathrm{H}} \boldsymbol{w}_0|^2 + \delta_{n,m}^2\right) \geqslant 0, \quad \forall n,m \\ |\boldsymbol{h}_{e,k}^{\mathrm{H}} \boldsymbol{w}_0|^2 = 0, \quad \forall k \end{cases} \tag{6-14}$$

观察优化问题式（6-14），目前并没有比较高效的工具进行求解，为了便于求解优化问题式（6-14），我们通过引入新的矩阵变量的方式，将上述优化问题转化为半正定规划问题。下面引入新的矩阵变量 $\boldsymbol{W}_0 = \boldsymbol{w}_0 \boldsymbol{w}_0^{\mathrm{H}}$ 和 $\boldsymbol{W}_{n,m} = \boldsymbol{w}_{n,m} \boldsymbol{w}_{n,m}^{\mathrm{H}} (\forall n,m)$，它们是共轭对称的 Hermitian 矩阵。通过引入新的矩阵变量，可以将优化问题转化为如下的半正定规划形式，即

$$\begin{cases} \min\limits_{\boldsymbol{W}_0, \boldsymbol{W}_{n,m}} tr(\boldsymbol{W}_0) + \sum\limits_{n=1}^{N}\sum\limits_{m=1}^{M_n} tr(\boldsymbol{W}_{n,m}) \\ \text{s. t. } tr(\boldsymbol{H}_p \boldsymbol{W}_0) - (2^R - 1)\left(\sum\limits_{n=1}^{N}\sum\limits_{m=1}^{M_n} tr(\boldsymbol{F}_{n,p} \boldsymbol{W}_{n,m}) + \delta_p^2\right) \geqslant 0 \\ tr(\boldsymbol{G}_{n,m} \boldsymbol{W}_{n,m}) - \gamma_{n,m}\left(\sum\limits_{i=1, i \neq m}^{M_n} tr(\boldsymbol{G}_{n,m} \boldsymbol{W}_{n,i}) + tr(\boldsymbol{H}_{n,m} \boldsymbol{W}_0) + \delta_{n,m}^2\right) \geqslant 0, \quad \forall n,m \\ tr(\boldsymbol{H}_{e,k} \boldsymbol{W}_0) = 0, \quad \forall k \\ \boldsymbol{W}_0 \succeq 0, \mathrm{rank}(\boldsymbol{W}_0) = 1 \\ \boldsymbol{W}_{n,m} \succeq 0, \mathrm{rank}(\boldsymbol{W}_{n,m}) = 1, \quad \forall n,m \end{cases} \tag{6-15}$$

式中，$tr(\boldsymbol{W})$ 为矩阵 $\boldsymbol{W}$ 的迹；$\mathrm{rank}(\boldsymbol{W})$ 为矩阵 $\boldsymbol{W}$ 的秩；$\boldsymbol{H}_p$ 为卫星和主卫星用户之间信道的自相关矩阵；$\boldsymbol{H}_{e,k}$ 为卫星和窃听者之间信道的自相关矩阵；$\boldsymbol{H}_{n,m}$ 为卫星和次级地面用户之间信道的自相关矩阵；$\boldsymbol{F}_{n,p}$ 为地面基站与主卫星用户之间信道的自相关矩阵；$\boldsymbol{F}_{n,k}$ 为地面基站与窃听者之间信道的自相关矩阵；$\boldsymbol{G}_{n,m}$ 为地面基站与次级地面用户之间信道的自相关矩阵。

通过半正定放缩的方法可以去掉 $\mathrm{rank}(\boldsymbol{W}_0) = 1$ 和 $\mathrm{rank}(\boldsymbol{W}_{n,m}) = 1 (\forall n,m)$ 的约束条

件，这样更有利于求解优化问题，同时可以证明优化问题式（6-15）中 $\boldsymbol{W}_0$ 和 $\boldsymbol{W}_{n,m}$ 秩肯定为 1。

定理 6.2 优化矩阵 $\boldsymbol{W}_0$和 $\boldsymbol{W}_{n,m}$的秩为[148]。

因此，优化问题式（6-15）可表示为

$$\begin{cases}\min\limits_{\boldsymbol{W}_0,\boldsymbol{W}_{n,m}} tr(\boldsymbol{W}_0)+\sum\limits_{n=1}^{N}\sum\limits_{m=1}^{M_n} tr(\boldsymbol{W}_{n,m}) \\ \text{s. t. } tr(\boldsymbol{H}_p\boldsymbol{W}_0)-(2^R-1)\left(\sum\limits_{n=1}^{N}\sum\limits_{m=1}^{M_n} tr(\boldsymbol{F}_{n,p}\boldsymbol{W}_{n,m})+\delta_p^2\right)\geqslant 0 \\ tr(\boldsymbol{G}_{n,m}\boldsymbol{W}_{n,m})-\gamma_{n,m}\left(\sum\limits_{i=1,i\neq m}^{M_n} tr(\boldsymbol{G}_{n,m}\boldsymbol{W}_{n,i})+tr(\boldsymbol{H}_{n,m}\boldsymbol{W}_0)+\delta_{n,m}^2\right)\geqslant 0,\quad \forall n,m \\ tr(\boldsymbol{H}_{e,k}\boldsymbol{W}_0)=0,\quad \forall k \\ \boldsymbol{W}_0\geqslant 0,\boldsymbol{W}_{n,m}\geqslant 0,\quad \forall n,m\end{cases} \tag{6-16}$$

通过上述转化可以发现，优化问题式（6-16）被转化为标准的 SDP 问题，可以用标准的数学工具包求解，如凸优化包。另外，优化问题式（6-16）并没有随着迫零约束条件的增加而使求解变得困难[121]。

6.3.3 未添加人工噪声波束形成方案

迫零波束形成方案使优化问题式（6-16）更加易于求解，但需要增加额外的约束条件并且造成一定的资源消耗。在本节中我们不增加额外的约束，直接对优化问题式（6-11）进行求解。将相对应的变量代入优化问题式（6-11），代入变量后优化问题的完整形式可表示为

$$\begin{cases}\min\limits_{\boldsymbol{w}_0,\boldsymbol{w}_{n,m}} \|\boldsymbol{w}_0\|^2+\sum\limits_{n=1}^{N}\sum\limits_{m=1}^{M_n}\|\boldsymbol{w}_{n,m}\|^2 \\ \text{s. t. } \left(1+\dfrac{|\boldsymbol{h}_p^{\mathrm{H}}\boldsymbol{w}_0|^2}{\sum\limits_{n=1}^{N}\sum\limits_{m=1}^{M_n}|\boldsymbol{f}_{n,p}^{\mathrm{H}}\boldsymbol{w}_{n,m}|^2+\delta_p^2}\right)2^{-R}-1\geqslant \max\limits_{k\in\{1,2,\cdots,K\}}\left(\dfrac{|\boldsymbol{h}_{e,k}^{\mathrm{H}}\boldsymbol{w}_0|^2}{\sum\limits_{n=1}^{N}\sum\limits_{m=1}^{M_n}|\boldsymbol{f}_{n,k}^{\mathrm{H}}\boldsymbol{w}_{n,m}|^2+\delta_{e,k}^2}\right) \\ \mathrm{SINR}_{n,m}\geqslant\gamma_{n,m},\quad \forall n,m\end{cases} \tag{6-17}$$

为了求解优化问题式（6-17），需要引入新的辅助变量 t，引入新的辅助变量 t 后，优化问题可重新表示为

$$
\begin{cases}
\min\limits_{\boldsymbol{w}_0,\boldsymbol{w}_{n,m}} \|\boldsymbol{w}_0\|^2+\sum\limits_{n=1}^{N}\sum\limits_{m=1}^{M_n}\|\boldsymbol{w}_{n,m}\|^2 \\
\text{s. t.}\left(1+\dfrac{|\boldsymbol{h}_p^{\mathrm{H}}\boldsymbol{w}_0|^2}{\sum\limits_{n=1}^{N}\sum\limits_{m=1}^{M_n}|\boldsymbol{f}_{n,p}^{\mathrm{H}}\boldsymbol{w}_{n,m}|^2+\delta_p^2}\right)2^{-R}-1\geqslant t \\
t\geqslant \max\limits_{k\in\{1,\cdots,K\}}\left(\dfrac{|\boldsymbol{h}_{e,k}^{\mathrm{H}}\boldsymbol{w}_0|^2}{\sum\limits_{n=1}^{N}\sum\limits_{m=1}^{M_n}|\boldsymbol{f}_{n,k}^{\mathrm{H}}\boldsymbol{w}_{n,m}|^2+\delta_{e,k}^2}\right) \\
\mathrm{SINR}_{n,m}\geqslant\gamma_{n,m},\quad \forall n,m
\end{cases}
\tag{6-18}
$$

在优化问题式（6-18）中，t 作为中间辅助变量将第一个约束条件分成了两个，经过简单的数学变换后，优化问题可重新表示为

$$
\begin{cases}
\min\limits_{\boldsymbol{w}_0,\boldsymbol{w}_{n,m}} \|\boldsymbol{w}_0\|^2+\sum\limits_{n=1}^{N}\sum\limits_{m=1}^{M_n}\|\boldsymbol{w}_{n,m}\|^2 \\
\text{s. t. } |\boldsymbol{h}_p^{\mathrm{H}}\boldsymbol{w}_0|^2-[(t+1)2^{R}-1]\left(\sum\limits_{n=1}^{N}\sum\limits_{m=1}^{M_n}|\boldsymbol{f}_{n,p}^{\mathrm{H}}\boldsymbol{w}_{n,m}|^2+\delta_p^2\right)\geqslant 0 \\
t\left(\sum\limits_{n=1}^{N}\sum\limits_{m=1}^{M_n}|\boldsymbol{f}_{n,k}^{\mathrm{H}}\boldsymbol{w}_{n,m}|^2+\delta_{e,k}^2\right)-|\boldsymbol{h}_{e,k}^{\mathrm{H}}\boldsymbol{w}_0|^2\geqslant 0,\quad \forall k \\
|\boldsymbol{g}_{n,m}^{\mathrm{H}}\boldsymbol{w}_{n,m}|^2-\gamma_{n,m}\left(\sum\limits_{i=1,i\neq m}^{M_n}|\boldsymbol{g}_{n,m}^{\mathrm{H}}\boldsymbol{w}_{n,i}|^2+|\boldsymbol{h}_{n,m}^{\mathrm{H}}\boldsymbol{w}_0|^2+\delta_{n,m}^2\right)\geqslant 0,\quad \forall n,m
\end{cases}
\tag{6-19}
$$

由于辅助变量 t 的不确定性，导致优化问题式（6-19）是非凸的，并且优化问题的非凸性导致优化问题难以解决。通过观察可以发现当辅助变量 t 固定时，优化问题式（6-19）相对容易解决。因此，首先将辅助变量 t 值固定，然后通过黄金分割搜索的方法搜索出 t 的最优值，当 t 取最优值时求解原优化问题。

下面引入新的矩阵变量 $\boldsymbol{W}=\boldsymbol{w}\boldsymbol{w}^{\mathrm{H}}$，通过定理 6.1，移除非凸的 $\mathrm{rank}(\boldsymbol{W})=1$ 的约束条件，当 t 值固定时优化问题式（6-19）可重新表示为

$$
\begin{cases}
\min\limits_{\boldsymbol{W}_0,\boldsymbol{W}_{n,m}} \mathrm{tr}(\boldsymbol{W}_0)+\sum\limits_{n=1}^{N}\sum\limits_{m=1}^{M_n}\mathrm{tr}(\boldsymbol{W}_{n,m}) \\
\text{s. t. } \mathrm{tr}(\boldsymbol{H}_p\boldsymbol{W}_0)-[(t+1)2^{R}-1]\left(\sum\limits_{n=1}^{N}\sum\limits_{m=1}^{M_n}\mathrm{tr}(\boldsymbol{F}_{n,p}\boldsymbol{W}_{n,m})+\delta_p^2\right)\geqslant 0 \\
t\left(\sum\limits_{n=1}^{N}\sum\limits_{m=1}^{M_n}\mathrm{tr}(\boldsymbol{F}_{n,k}\boldsymbol{W}_{n,m})+\delta_{e,k}^2\right)-\mathrm{tr}(\boldsymbol{H}_{e,k}\boldsymbol{W}_0)\geqslant 0,\quad \forall k \\
\mathrm{tr}(\boldsymbol{G}_{n,m}\boldsymbol{W}_{n,m})-\gamma_{n,m}\left(\sum\limits_{i=1,i\neq m}^{M_n}\mathrm{tr}(\boldsymbol{G}_{n,m}\boldsymbol{W}_{n,i})+\mathrm{tr}(\boldsymbol{H}_{n,m}\boldsymbol{W}_0)+\delta_{n,m}^2\right)\geqslant 0,\quad \forall n,m \\
\boldsymbol{W}_0\geqslant 0,\boldsymbol{W}_{n,m}\geqslant 0,\quad \forall n,m
\end{cases}
\tag{6-20}
$$

针对固定的 t 值，不难发现优化问题式（6-20）是凸的，是一个标准的 SDP 问题，可以使用标准的凸优化包进行求解。

将优化问题式（6-20）的目标函数当作辅助变量 t 的函数，记为 $P(t)$。可以发现求解优化问题式（6-20）的目标函数与最小化 $P(t)$ 的值是一样的，当 t 固定时优化 $\{\boldsymbol{W}_0,\boldsymbol{W}_{n,m}\}$ 的值来求解。下面寻找一个合适的 t 值使 $P(t)$ 的值最小。黄金分割搜索法对于单峰极小值优化问题非常有效，因此本章内容采用黄金分割搜索法来求解优化问题式（6-20），如表 6-1 所示。主要的迭代过程可以总结如下，在每次迭代过程中，迭代搜索区间以 0.618 逐渐缩小。$[a,b]$ 设置为最开始的搜索区间，对于给定不同的 t_1 和 t_2 值，分别求解优化问题式（6-20）来求解对应的 $P(t)$ 值。并将 $P(t)$ 值相对较小的 t 值保存，通过不断更新 t 值，最终得到最优的 $P(t)$ 值。随着搜索区间不断缩小，$P(t)$ 的取值越来越接近最优值，一旦搜索区间的长度小于规定的搜索容限，算法自动停止，此时所求的 $P(t)$ 值即为最优值。搜索容限用 tol 来表示，具体的收敛行为的仿真结果图 6-2 所示。

表 6-1　求解优化问题式（6-20）的黄金分割搜索法

Iteration algorithm

$\tau=0.618$
$t=[a,b]$
$t_1=a+(1-\tau)(b-a)$
$t_2=a+\tau(b-a)$
Compute $P(t_1)$ and $P(t_2)$
while$(b-a)\geqslant$tol
    if $P(t_1)<P(t_2)$
      $b=t_2$
      $t_2=t_1$
      $t_1=a+(1-\tau)(b-a)$
    Compute $P(t_1)$
    else
      $a=t_1$
      $t_1=t_2$
      $t_2=a+\tau(b-a)$
      Compute $P(t_2)$
    end
end

6.3.4　添加人工噪声波束形成方案

在本节中，针对前 6.3.2 节和 6.3.3 节所研究的联合优化问题我们考虑两个方面内容：一是确保主卫星用户和次级地面用户的通信品质；二是破坏窃听信道的信道质量，使窃听者窃听能力降低。第一个目标可以通过优化有用信号实现。为了实现第二个目标，采用在卫星发射信号中添加人工噪声来对窃听者实行打击，使窃听者接收更多的干扰信号，降低窃听者处的接收信号信干噪比。因此，卫星端和地面基站的发送信号的矢量表示形式 $\boldsymbol{x}_0$ 和 $\boldsymbol{x}_n$ 分别为

$$\begin{cases} \boldsymbol{x}_0 = \boldsymbol{w}_0 s_0 + \boldsymbol{z}, \\ \boldsymbol{x}_n = \sum_{m=1}^{M_n} \boldsymbol{w}_{n,m} s_{n,m} \end{cases} \tag{6-21}$$

式（6-21）中所有符号代表的意义与前面所述均形同，新添加的人工噪声矢量 $\boldsymbol{z} \sim \mathcal{N}(\boldsymbol{0},\boldsymbol{Z})$ 为服从均值为 0、协方差矩阵为 $\boldsymbol{Z}$ 的复高斯随机变量，根据式（6-8）中的信号模型，可以得到添加人工噪声后的接收信号模型。同时，也可以表示出添加人工噪声后的卫星主用户处的可达安全速率，即

$$C_p^{\mathrm{AN}} = \log_2\left(1 + \frac{|\boldsymbol{h}_p^{\mathrm{H}} \boldsymbol{w}_0|^2}{|\boldsymbol{h}_p^{\mathrm{H}}\boldsymbol{z}|^2 + \sum_{n=1}^{N}\sum_{m=1}^{M_n} |\boldsymbol{f}_{n,p}^{\mathrm{H}}\boldsymbol{w}_{n,m}|^2 + \delta_p^2}\right) - \max_{k\in\{1,2,\cdots,K\}}\left(\log_2\left(1 + \frac{|\boldsymbol{h}_{e,k}^{\mathrm{H}} \boldsymbol{w}_0|^2}{|\boldsymbol{h}_{e,k}^{\mathrm{H}}\boldsymbol{z}|^2 + \sum_{n=1}^{N}\sum_{m=1}^{M_n} |\boldsymbol{f}_{n,k}^{\mathrm{H}}\boldsymbol{w}_{n,m}|^2 + \delta_{e,k}^2}\right)\right) \tag{6-22}$$

人工噪声的使用作为附加的自由度来对抗窃听者，增加窃听者收到的干扰。值得注意的是，人工噪声矢量是随机产生的但正交于卫星主用户信道的矢量，这一假设成立等同于 $\boldsymbol{h}_{\mathrm{p}}^{\mathrm{H}}\boldsymbol{z}=0$，要使上述条件满足，需要增加相对应的约束条件，也就是人工噪声矢量分布满足的协方差矩阵也要满足一定要求。

通过联合优化波束形成方案和人工噪声矢量，原始的优化问题可重新表示为

$$\begin{cases} \min\limits_{\boldsymbol{w}_0,\boldsymbol{w}_{n,m},\boldsymbol{z}} \|\boldsymbol{w}_0\|^2 + \sum_{n=1}^{N}\sum_{m=1}^{M_n} \|\boldsymbol{w}_{n,m}\|^2 + \|\boldsymbol{z}\|^2 \\ \text{s. t. } C_p^{\mathrm{AN}} \geqslant R \\ \mathrm{SINR}_{n,m} \geqslant \gamma_{n,m} \\ |\boldsymbol{h}_p^{\mathrm{H}}\boldsymbol{z}|^2 = 0 \end{cases} \tag{6-23}$$

与 6.3.3 节一样，引入新的矩阵变量 $\boldsymbol{W}=\boldsymbol{w}\boldsymbol{w}^{\mathrm{H}}$ 和辅助变量 t，式（6-23）可重新表示为

$$
\begin{cases}
\min\limits_{\boldsymbol{W}_0,\boldsymbol{W}_{n,m},\boldsymbol{Z}} tr(\boldsymbol{W}_0) + \sum\limits_{n=1}^{N}\sum\limits_{m=1}^{M_n} tr(\boldsymbol{W}_{n,m}) + tr(\boldsymbol{Z}) \\
\text{s. t. } tr(\boldsymbol{H}_p\boldsymbol{W}_0) - [(t+1)2^R - 1]\left(tr(\boldsymbol{H}_p\boldsymbol{Z}) + \sum\limits_{n=1}^{N}\sum\limits_{m=1}^{M_n} tr(\boldsymbol{F}_{n,p}\boldsymbol{W}_{n,m}) + \delta_p^2\right) \geqslant 0 \\
t\left(tr(\boldsymbol{H}_{e,k}\boldsymbol{Z}) + \sum\limits_{n=1}^{N}\sum\limits_{m=1}^{M_n} tr(\boldsymbol{F}_{n,k}\boldsymbol{W}_{n,m}) + \delta_{e,k}^2\right) - tr(\boldsymbol{H}_{e,k}\boldsymbol{W}_0) \geqslant 0, \quad \forall k \\
tr(\boldsymbol{G}_{n,m}\boldsymbol{W}_{n,m}) - \gamma_{n,m}\left(\sum\limits_{i=1,i\neq m}^{M_n} tr(\boldsymbol{G}_{n,m}\boldsymbol{W}_{n,i}) + tr(\boldsymbol{H}_{n,m}(\boldsymbol{W}_0 + \boldsymbol{Z})) + \delta_{n,m}^2\right) \geqslant 0, \quad \forall n,m \\
tr(\boldsymbol{H}_p\boldsymbol{Z}) = 0 \\
\boldsymbol{W}_0 \geqslant 0, \boldsymbol{W}_{n,m} \geqslant 0, \boldsymbol{Z} \geqslant 0 \\
\text{rank}(\boldsymbol{W}_0) = 1, \text{rank}(\boldsymbol{W}_{n,m}) = 1, \text{rank}(\boldsymbol{Z}) = 1
\end{cases}
\tag{6-24}
$$

根据定理 6.2 和移除优化问题式（6-24）中秩为 1 的约束条件，则优化问题可重新表示为

$$
\begin{cases}
\min\limits_{\boldsymbol{W}_0,\boldsymbol{W}_{n,m},\boldsymbol{Z}} tr(\boldsymbol{W}_0) + \sum\limits_{n=1}^{N}\sum\limits_{m=1}^{M_n} tr(\boldsymbol{W}_{n,m}) + tr(\boldsymbol{Z}) \\
\text{s. t. } tr(\boldsymbol{H}_p\boldsymbol{W}_0) - [(t+1)2^R - 1]\left(tr(\boldsymbol{H}_p\boldsymbol{Z}) + \sum\limits_{n=1}^{N}\sum\limits_{m=1}^{M_n} tr(\boldsymbol{F}_{n,p}\boldsymbol{W}_{n,m}) + \delta_p^2\right) \geqslant 0 \\
t\left(tr(\boldsymbol{H}_{e,k}\boldsymbol{Z}) + \sum\limits_{n=1}^{N}\sum\limits_{m=1}^{M_n} tr(\boldsymbol{F}_{n,k}\boldsymbol{W}_{n,m}) + \delta_{e,k}^2\right) - tr(\boldsymbol{H}_{e,k}\boldsymbol{W}_0) \geqslant 0, \quad \forall k \\
tr(\boldsymbol{G}_{n,m}\boldsymbol{W}_{n,m}) - \gamma_{n,m}\left(\sum\limits_{i=1,i\neq m}^{M_n} tr(\boldsymbol{G}_{n,m}\boldsymbol{W}_{n,i}) + tr(\boldsymbol{H}_{n,m}(\boldsymbol{W}_0 + \boldsymbol{Z})) + \delta_{n,m}^2\right) \geqslant 0, \quad \forall n,m \\
tr(\boldsymbol{H}_p\boldsymbol{Z}) = 0 \\
\boldsymbol{W}_0 \geqslant 0, \boldsymbol{W}_{n,m} \geqslant 0, \boldsymbol{Z} \geqslant 0
\end{cases}
\tag{6-25}
$$

下面求解优化问题式（6-25），求解过程和方法与 6.3.3 节相同，本节不再赘述。优化问题式（6-20）是优化问题式（6-25）的一个特例，当优化问题式（6-25）中 $\boldsymbol{Z}=\boldsymbol{0}$ 时与优化问题式（6-20）相同。所有优化问题式（6-25）要比优化问题式（6-20）复杂一些。

6.4　仿真与分析

本节通过计算机仿真结果评估了所研究三种波束形成方案的性能、迫零、未添加人工噪声和添加人工噪声波束形成方案。假设卫星天线数目为 $N_0=4$，每个地面蜂窝网络中地面基站天线的数目都为 $N_1=8$。假设主卫星用户坐落在卫星波束中心，同时主卫星用户周围存在 $K=2$ 个窃听者，主卫星用户、窃听者和次级地面用户分布在同一个卫星波束中。本章的研究内容考虑存在 $N=2$ 个互不干扰的地面蜂窝网络，每个地面蜂窝网络中的地面基站装备均匀线性阵列天线，两个窃听者在地面蜂窝网中的相对位置角为 $\beta_{n,1}=20°$ 和 $\beta_{n,2}=-20°$。同时，卫星主用户和 $M_n=3$ 个次级地面用户在第 n 个地面蜂窝网中的相对位置角为 $\alpha_{n,p}=40°$，$\alpha_{n,1}=0°$，$\alpha_{n,2}=10°$ 和 $\alpha_{n,3}=-10°$。为了计算方便，假设所有次级地面用户的信干噪比阈值都为 $\gamma_s=\gamma_{n,m}(\forall n,m)$。$D=500$ km 是卫星波束直径，卫星信道衰减函数部分用 log 函数进行数学估计，对数参数值如表 6-2 所示，表 6-2 还列出了仿真过程中所使用的一些其他参数。另外，$n_i \sim \mathcal{N}(0,\delta_i^2)(\forall i)$ 代表主卫星用户、窃听者和次级地面用户处产生的零均值的加性高斯白噪声，其中 $\delta_i^2=1$。

表 6-2　星地融合网络中的系统参数

参数	数值
频率	Ka 频段（18 GHz）
卫星轨道	同步卫星
极化方式	圆极化
卫星波束直径	500 km
3 dB 角	0.4°
雨衰统计参数	{-3.125；1.591}
角度散射值	1°

图 6-2 对比了总发射功率在未添加人工噪声和添加人工噪声两种波束形成方案下的收敛情况。安全速率阈值为 2 $\text{bit}\cdot\text{s}^{-1}\cdot\text{Hz}^{-1}$，可以发现随着迭代次数增加，不论是未添加人工噪声波束形成方案，还是添加人工噪声波束形成方案，总发射功率都是先逐渐减小，最后趋于稳定，同时添加人工噪声波束形成方案的总发射功率一直高于未添加人工噪声波束形成方案，直到最后趋于平稳时才相同。同时，仿真结果能够说明，本章所研究的方案能够得到最小的总发射功率值。

图 6-3 描绘了总发射功率随主卫星用户的安全速率需求变化情况。在次级地面用户信干噪比为 $\gamma_s=10$ dB 时，可以看到总发射功率随着主卫星用户安全速率需求的增加而增加。

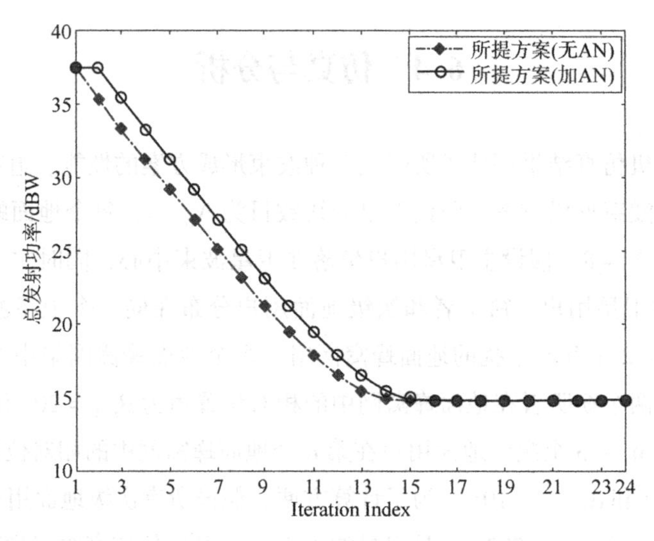

图 6-2 不同方案下总发射功率的收敛情况

可以观察到本章，所研究的优化方案相比于 ZF 波束形成方案能够节省更多的传输功率，因此，这里所提出的优化方案具有一定的高效性。同时，随着主卫星用户的安全速率需求的增大，不同方案之间的差距逐渐增大。由于传输方案上的优化，未添加和添加人工噪声波束形成方案的性能明显由于迫零波束形成方案。

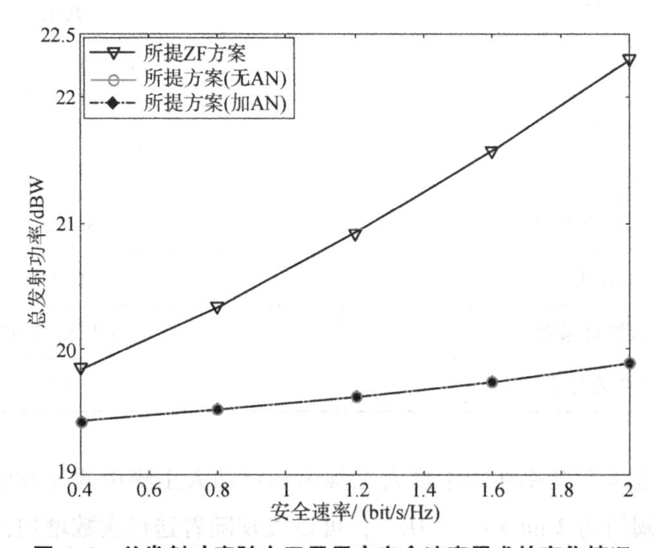

图 6-3 总发射功率随主卫星用户安全速率需求的变化情况

图 6-4 展示了卫星总发射功率随次级地面用户信干噪比阈值 γ_s 变化情况，当主卫星用户安全速率需求为 $R=1\ \text{bit}\cdot\text{s}^{-1}\cdot\text{Hz}^{-1}$。观察上述三种波束形成方案，总发射功率曲线随着次级地面用户信干噪比阈值增加而增加，迫零波束形成方案的曲线总是高于原始优化方案和添加人工噪声优化方案。可以看出，相比于迫零波束形成方案，原始优化方案和添加人工噪声优化方案可以节省 2 dBW 的功率。

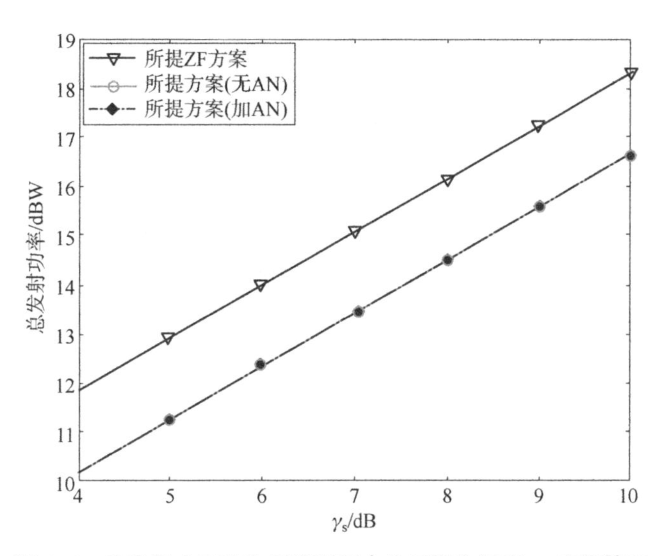

图 6-4　总发射功率随次级地面用户信干噪比阈值 γ_s 变化情况

图 6-5 仿真了总发射功率随卫星天线数目的变化情况。当次级地面用户信干噪比阈值为 $\gamma_s=10$ dB 和主卫星用户安全速率需求为 $R=1$ bit · s^1 · Hz^{-1}时，如图 6-5 所示，对三种波束形成方案而言，随着卫星天线数目的增加总发射功率会随之减少，这意味着卫星天线的数目越多可以为系统节省更多的传输功率。在卫星天线的数目增加时，原始优化方案和添加人工噪声优化方案相比迫零波束形成方案可以节省约 2 dBW 的传输功率。这是因为对于迫零波束形成方案而言，天线馈电更倾向于消除信道间干扰。因此，当卫星天线馈电数量不足时，只有有限的附加空间自由度来削弱窃听者的信道，随着卫星天线数目的增加，增大的空间自由度有助于消除其他接收者之间的干扰。

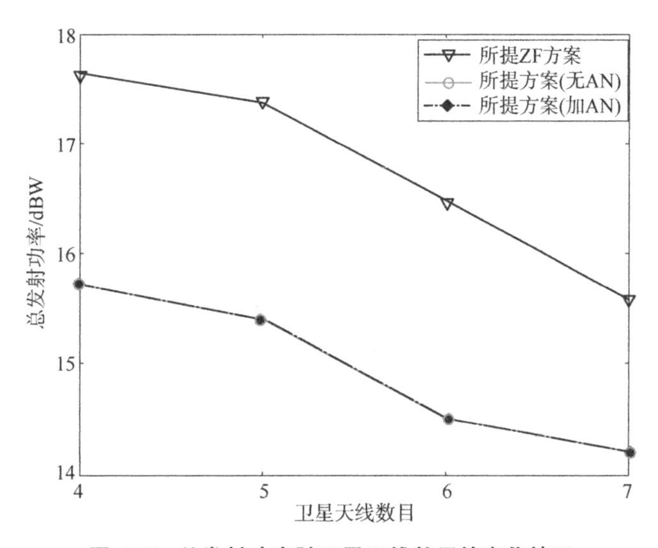

图 6-5　总发射功率随卫星天线数目的变化情况

在前面的所有仿真过程中，未添加人工噪声的波束形成方案和添加人工噪声波束形成方案没有区别。这是因为添加人工噪声波束形成方案的好处是可以增加一个额外的自由度来对抗更多的窃听者，下面将通过仿真结果来证明这种现象。

图 6-6 描绘了所提方案的可行性概率随窃听者数目的变化情况。假设卫星主用户的安全速率需求为 $R=1\ \text{bit}^{-1}\cdot\text{s}^{-1}\cdot\text{Hz}^{-1}$，次级地面用户的信干噪比阈值为 $\gamma_s=10\ \text{dB}$。当只存在一个窃听者时，三种波束形成方案都能满足安全速率限制，因为此时有足够的天线和足够的空间自由度。随着窃听者数目的增加，迫零波束形成方案的可行性概率迅速降低，未添加人工噪声波束形成方案的可行性概率次之。添加人工噪声波束形成方案的优势显而易见，同时添加人工噪声波束形成方案可以一直满足安全速率要求。

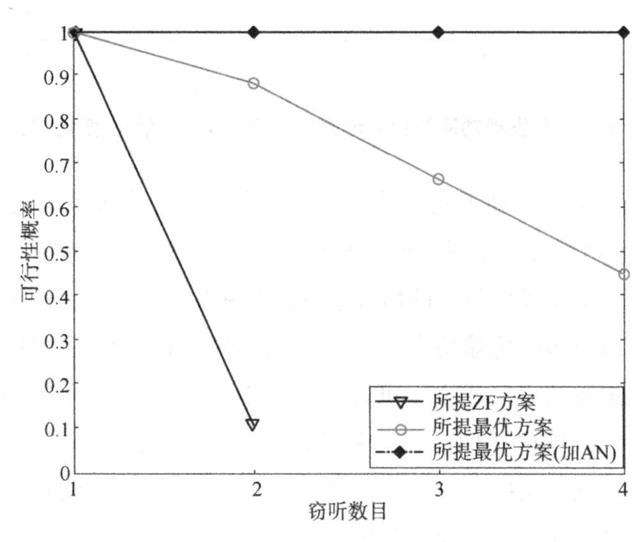

图 6-6　可行性概率随窃听者数目的变化情况

6.5　小　结

本章研究了窃听安全威胁下星地融合认知协同传输网络中的协同资源优化问题。针对存在多个窃听者的卫星网络作为主网络与地面多个次级网络共享频谱资源场景，优化问题的目标函数是卫星和多个地面基站的总发射最小化，约束条件为主卫星用户的安全速率受限以及次级地面用户的信干噪比满足要求。当网络中节点的信道状态信息完全已知时：首先，提出一种低复杂度次优的迫零波束形成方案，并基于迭代搜索的半正定松弛法来求解优化问题。其次，利用添加人工噪声波束形成方案可以提高空间自由度的方案来对抗窃听者，提高方案的可行性。最后，计算机仿真结果证明了所提波束形成方案的可行性和优越性。

参 考 文 献

[1] Evans B. Satellite Communication Systems. London, U. K.: Inst. Eng. Technol., 1999.

[2] Eskelinen P. Satellite communications fundamentals [J]. IEEE Aerosp. Electron. Syst. Mag., 2001, 16 (10): 22-23.

[3] Cola T D, Tarchi D, Vanelli-Coralli A. Future trends in broadband satellite communications: Information centric networks and enabling technologies [J]. International Journal of Satellite Communications and Networking, 2015, 33, (5): 473-490.

[4] Kyrgiazos A, Evans B, Thompson P, et al. A terabit/second satellite system for European broadband access: A feasibility study [J]. International Journal of Satellite Communications and Networking, 2014, 32, (2): 63-92.

[5] Vidal O, Verelst G, Lacan J, et al. Next generation high throughput satellite system [J]. IEEE AESS Eur. Conf. Satell. Telecommun. (ESTEL), Rome, Italy. 2012: 1-7.

[6] Maral G, Bousquet M, Sun Z. Satellite Communications Systems: Systems, Techniques and Technology. New York: Wiley, 2010.

[7] Kim P, Song J J, Jeon S I, et al. Design considerations of satellite-based vehicular broadband networks [J]. IEEE Wireless Communications, 2005, 12, (5): 91-97.

[8] Evans B, Werner M, Lutz E, et al. Integration of satellite and terrestrial systems in future multimedia communications [J]. IEEE Wireless Communications, 2005, 12, (5): 72-80.

[9] Taleb T, Hadjadj-Aoul Y, Ahmed T. Challenges, opportunities, and solutions for converged satellite and terrestrial networks [J]. IEEE Wireless Communications, 2011, 18, (1): 46-52.

[10] Kota S, Giambene G, Kim S. Satellite component of NGN: Integrated and hybrid networks [J]. International Journal of Satellite Communications and Networking, 2011, 29 (3): 191-208.

[11] 张更新，张杭，等. 卫星移动通信系统 [M]. 北京：人民邮电出版社，2001.

[12] Kim H W, Lee H J, Martin B, et al. Satellite radio interfaces compatible to 3GPP WCDMA

system [J]. International Journal of Satellite Communications and Networking, 2010, 28, (3): 316-334.

[13] Ahn D S, Kim H W, Ahn J, et al. Integrated/hybrid satellite and terrestrial networks for satellite IMT-Advanced services [J]. International Journal of Satellite Communications, 2011, 29, (3): 269-282.

[14] Gur G, Bayhan S, Alagoz F. Hybrid satellite-IEEE 802. 16 system for mobile multimedia delivery [J]. International Journal of Satellite Communications and Networking, 2011, 29, (3): 209-228.

[15] Kim H W, Ku B J, Ahn D S, et al. Standardization activities of a satellite component for IMT-Advanced System [J]. International Conference on Information and Communication Technology Convergence (ICTC), 2010: 1-5.

[16] 王继业，张雷. 蜂窝通信和卫星通信融合的机遇、挑战及演进 [J]. 电讯技术，2018, 28 (5): 607-615.

[17] Yang Y, Hu H, Xu J, et al. Relay technologies for WiMAX and LTE-Advanced mobile systems [J]. IEEE Communication Magazine, 2009, 47: 100-105.

[18] Kim S. Evaluation of cooperative techniques for hybrid/integrated satellite systems [J]. IEEE International Conference on Communications (ICC 2011), 2011: 1-5.

[19] Hoyhtya M, Kyrolainen J, Hulkkonen A, et al. Application of cognitive radio techniques to satellite communication [J]. IEEE International Symposium on Dynamic Spectrum Access Networks, 2012: 540-551.

[20] ColaT. D., Tarchi D., Vanelli-Coralli A. Future trends in broadband satellite communications: information centric networks and enabling technologies [J]. International Journal of Satellite Communications and Networking, 2015: 1-18.

[21] Laneman J N, Tse D, Wornell G W. Cooperative diversity in wireless networks: efficient protocols and outage behavior [J]. IEEE Transactions on Information Theory, 2004, 51, (12): 3063-3080.

[22] Iqbal A, Ahmed K M. A hybrid satellite-terrestrial cooperative network over non identically distributed fading channels [J]. Journal of Communications, 2011, 7 (7): 581-589.

[23] Bhatnagar M, Arti M K. Performance analysis of AF based hybrid satellite-terrestrial cooperative network over generalized fading channels [J]. IEEE Communication Letters, 2014, 17, (10): 1912-1915.

[24] Bhatnagar M R, Arti M K. Performance analysis of hybrid satellite-terrestrial FSO cooperative system [J]. IEEE Photonics Technology Letters, 2013, 25, (22): 2197-2200.

[25] Iqbal A, Ahmed K. Outage probability analysis of multi-hop cooperative satellite-terrestrial

network [J]. International Conference on Electrical Engineering/ Electronics, Computer, Telecommunications and Information Technology (ECTI-CON). 2011: 256-259.

[26] Sakarellos V, Kourogiorgas C, Panagopoulos A. Cooperative hybrid land mobile satellite-terrestrial broadcasting systems: outage probability evaluation and accurate simulation [J]. Wireless Personal Communications, 2014, 79 (2): 1471-1481.

[27] Zhao Y, Xie L, Chen H, et al. Ergodic channel capacity analysis of the hybrid satellite-terrestrial single frequency network [J]. PIMRC, 2015: 1803-1807.

[28] Zhang J, Evans B, Imran M A, et al. Green hybrid satellite terrestrial networks: Fundamental trade-fff analysis [C]//. Vehicular Technology Conference, 2016: 1-5.

[29] Labrador Y, Karimi M, Pan D, et al. An approach to cooperative satellite communications in 4G mobile systems [J]. Journal of Communications, 2009, 4 (10): 815-826.

[30] Iqbal A, Ahmed K. SER analysis of cooperative satellite-terrestrial network over non identical fading channels [C]//. The IEEE 5th Advanced Satellite Multimedia Systems Conference (ASMA) and the 11th Signal Processing for Space Communications Workshop (SPSC). 2010: 329-334.

[31] Arti M K, Jindal S K. OSTBC Transmission in Shadowed-Rician land mobile satellite links [J]. IEEE Transactions on Vehicular Technology, 2016, 65 (7): 5771-5777.

[32] Arapoglou P, Liolis K, Bertinelli M, et al. MIMO over satellite: A review [J]. IEEE Communications Surveys Tutorials, 2011, 13 (1): 27-51.

[33] Liolis K P, Panagopoulos A D, Cottis P G. Multi-satellite MIMO communications at Ku-band and above: Investigations on spatial multiplexing for capacity improvement and selection diversity for interference mitigation [J]. EURASIP Journal on Wireless Communications and Networking, 2007 (2).

[34] Labrador Y. Orthogonal frequency division multiplexing based air interfaces and multiple input multiple output techniques in cooperative satellite communications for 4th generation mobile systems [D]. Florida International University, 2009, 11.

[35] Tronc J, Angeletti P, Song N. Overview and comparison of on-ground and on-board beamforming techniques in mobile satellite service applications [J]. International Journal of Satellite Communications and Networking, 2014, 32 (4): 291-308.

[36] Kim S, Kim H W, Kang K, et al. Performance enhancement in future mobile satellite broadcasting services [J]. IEEE Communications Magazine, 2008, 46 (7): 118-124.

[37] Ahn D S, Kim S, Kim H W, et al. A cooperative transmit diversity scheme for mobile satellite broadcasting systems [J]. International Journal of Satellite Communications and Networking, 2010, 28 (3): 352-368.

[38] Nasser Y, Helard J F. Double layer space-time block code for hybrid satellite-terrestrial broadcasting systems [C]//IEEE 70th Vehicular Technology Conference Fall. 2009: 1-5.

[39] Nasser Y, Helard J F. Layered space-time block code for hybrid satellite-terrestrial broadcasting systems [J]. International Journal of Satellite Communications and Networking, 2012, 30 (2): 113-129.

[40] Ruan Y, Li Y, Zhang H, et al. Symbol error analysis of distributed space-time coded hybrid satellite-terrestrial cooperative networks [C]//Vehicular Technology Conference. 2015: 1-5.

[41] Sakarellos V K, Kourogiorgas C I, Panagopoulos A D. Hybrid satellite-terrestrial broadband backhaul links: Capacity enhancement through spatial multiplexing [J]. ESTEL, 2012: 1-5.

[42] Dhungana Y, Rajatheva N. Analysis of LMS based dual hop MIMO systems with beamforming [C]//IEEE International Conference on Communications. 2011: 1-6.

[43] Arti M K, Bhatnagar M R. Beamforming and combining in hybrid satellite-terrestrial cooperative systems [J]. IEEE Communications Letters, 2014, 18 (3): 483-486.

[44] Dhungana Y, Rajatheva N, Tellambura C. Performance analysis of antenna correlation on LMS-based dual-hop AF MIMO Systems [J]. IEEE Transactions on Vehicular Technology, 2012, 61 (8): 3590-3602.

[45] Bhatnagar M R. Performance evaluation of decode-and-forward satellite relaying [J]. IEEE Transactions on Vehicular Technology, 2015, 64 (10): 4827-4833.

[46] Miridakis N I, Vergados D D, Michalas A. Dual-hop communication over a satellite relay and shadowed rician channels [J]. IEEE Transactions on Vehicular Technology, 2015, 64 (9): 4031-4040.

[47] Bhatnagar M R. Making two-way satellite relaying feasible: A differential modulation based approach [J]. IEEE Transactions on Communications, 2015, 63 (8): 2836-2847.

[48] Arti M K. A novel beamforming and combining scheme for two-way AF satellite systems [J]. IEEE Transactions on Vehicular Technology, 2017, 66 (2): 1248-1256.

[49] Arti M K. Channel estimation and detection in satellite communication systems [J]. IEEE Transactions on Vehicular Technology, 2016, 65 (12): 10173-10179.

[50] Arti M K. Performance evaluation of maximal ratio combining in Shadowed-Rician fading land mobile satellite channels with estimated channel gains [J]. IET Communications, 2015, 9 (16):2013-2022.

[51] Arti M K. Channel estimation and detection in hybrid satellite-terrestrial communication systems [J]. IEEE Transactions on Vehicular Technology, 2016, 65 (7): 5764-5771.

[52] Arti M K. Two-way satellite relaying with estimated channel gains [J]. IEEE Transactions on

Communications, 2016, 6 (7): 2808-2820.

[53] Morosi S, Del Re E, Jayousi S, et al. Hybrid satellite/terrestrial cooperative relaying strategies for DVB-SH based communication systems [C]//European Wireless Conference. 2009: 240-244.

[54] Morosi S, Jayousi S, Del Re E. Cooperative delay diversity in hybrid satellite terrestrial DVB-SH System [C]//IEEE International Conference on Communications. 2010: 1-5.

[55] Sreng S, Escrig B, Boucheret M L. Exact outage probability of a hybrid satellite terrestrial cooperative system with best Relay selection [C]//IEEE International Conference on Communications. 2013: 4520-4524.

[56] An K, Lin M, Liang T. On the performance of multiuser hybrid satellite-terrestrial relay networks with opportunistic scheduling [J]. IEEE Communication Letters, 2015, 19 (10): 1722-1725.

[57] Upadhyay P K, Sharma P K. Max-Max user-relay selection scheme in multiuser and multirelay hybrid satellite-terrestrial relay systems [J]. IEEE Communications Letters, 2016, 20 (2): 268-271.

[58] Liolis K, Schlueter G, Krause J, et al. Cognitive radio scenarios for satellite communications: The CoRaSat approach [J]. Future Network and Mobile Summit, 2013.

[59] Haykin S. Cognitive radio: Brain-empowered wireless communications [J]. IEEE Journal on Selected Areas in Communications, 2005, 23 (2): 201-220.

[60] Goldsmith S, Jafar A, Maric I, et al. Breaking spectrum gridlock with cognitive radios: An information theoretic perspective [J]. Proceeding of IEEE, 2009, 97, (5): 894-914.

[61] Liang Y C. Cognitive radio: Theory and application [J]. IEEE Journal on Selected Areas in Communications, 2008, 26 (1): 1-4.

[62] 陈鹏，邱乐德，王宇. 卫星认知无线通信中频谱感知算法比较 [J]. 电讯技术，2014, 51 (9): 49-54.

[63] Maleki S, Chatzinotas S, Evans B, et al. Cognitive spectrum utilization in Ka band multibeam satellite communications [J]. IEEE Communications Magazine, 2015, 53 (3): 24-29.

[64] Roivainen A, Ylitalo J, Kyrolainen J, et al. Performance of terrestrial network with the presence of overlay satellite network [C]//IEEE International Conference on Communications. 2013: 5089-5093.

[65] 张静，蒋宝强，郑霖. 认知无线网络技术在卫星通信中的应用 [J]. 桂林电子科技大学学报, 2013, 33 (4): 284-287.

[66] Sharma S K, Chatzinotas S, Ottersten B. Cognitive radio techniques for satellite communication systems [C]//IEEE Vehicular Technology Conference. 2013: 1-5.

[67] Biglieri E. An overview of cognitive radio for satellite communications [C]//IEEE First AESS European Conference on Satellite Telecommunications. 2012: 1-3.

[68] Vassaki S, Poulakis M I, Panagopoulos A D, et al. Power allocation in cognitive satellite terrestrial networks with QoS constraints [J]. IEEE Communications Letters, 2013, 17 (7): 1344-1347.

[69] Vassaki S, Poulakis M I, Panagopoulos A D. Optimal iSINR based power control for cognitive satellite terrestrial networks [J]. Transactions on Emerging Telecommunications Technologies, 2017, 28 (2): 1-10.

[70] Lagunas E, Sharma S K, Maleki S, et al. Resource allocation for cognitive satellite communications with incumbent terrestrial networks [J]. IEEE Transactions on Cognitive Communications and Networking, 2015, 1 (3): 305-317.

[71] 马陆，陈晓挺，刘会杰，等. 认知无线电技术在低轨通信卫星系统中的应用分析 [J]. 电信技术, 2010 (4): 49-51.

[72] Kandeepan S, Nardis L De, Benedetto M G Di, et al. Cognitive satellite terrestrial radios [C]//IEEE Global Telecommunications Conference. 2010: 1-6.

[73] An K, Lin M, Liang T, et al. On the ergodic capacity of multiple antenna cognitive satellite terrestrial networks [C]//International Conference on Communications. 2016: 1-5.

[74] Sharma S K, Chatzinotas S, Ottersten B. Transmit beamforming for spectral coexistence of satellite and terrestrial networks [C]//International Conference on Cognitive Radio Oriented Wireless Networks. 2013: 1-5.

[75] Yuan C, Lin M, Ouyang J, et al. BF design in hybrid satellite-terrestrial cooperative networks [J]. AEU-International Journal of Electronics and Communications, 2016, 69 (8): 1118-1125.

[76] Maleki S, Chatzinotas S, Krause J, et al. Cognitive zone for broadband satellite communications in 17.3-17.7 GHz band [J]. IEEE Communications Letters, 2015, 4 (3): 305-308.

[77] Sharma S K, Chatzinotas S, Ottersten B. Spectrum sensing in dual polarized fading channels for cognitive SatComs [C]//IEEE Global Telecommunications Conference. 2012: 3419-3424.

[78] Tang W. Frequency band sharing between satellite and terrestrial fixed links in the Ka band [C]//Ka-band Conference. 2014: 1-8.

[79] Icolari V. An energy detector based radio environment mapping technique for cognitive satellite systems [C]//IEEE Global Telecommunication Conference. 2014: 2892-2897.

[80] 肖楠，梁俊，张衡阳，等. 一种卫星认知无线网络高效频谱感知与分配策略 [J]. 东南

大学学报（自然科学版），2014，44（5）：891-896.

[81] 陈鹏，邱乐德，王宇. 卫星认知无线电 CDMA 上行链路功率控制［J］. 系统工程与电子技术，2012，34（11）：2355-2361.

[82] 肖楠，梁俊，张衡阳，等. 一种基于认知无线电的卫星网络信道接入策略［J］. 余杭学报，2015，36（5）：589-595.

[83] Kang K，Park J，Kim H，et al. Analysis of interference and availability between satellite and ground components in an integrated mobile-satellite service system [J]. International Journal of Satellite Communications and Networking，2015，33（4）：351-366.

[84] Sharma S K，Chatzinotas S，Ottersten B. Satellite cognitive communications：Interference modeling and techniques selection [C]//Advanced Satellite Multimedia Systems Conference (ASMS) and 12th Signal Processing for Space Communications Workshop. 2012：111-118.

[85] Miura A，Watanabe H，Hamamoto N，et al. On interference level in satellite uplink for satellite/terrestrial integrated mobile communication System [C]//AIAA International Communications Satellite Systems Conference. 2010：1-6.

[86] Park U，Kim H，Oh D，et al. Interference-limited dynamic resource management for an integrated satellite-terrestrial system [J]. ETRI Journal，2014，36（4）：519-527.

[87] Alagoz F，Gur G. Energy efficiency and satellite networking：A holistic overview [J]. Proceeding of IEEE，2011，99（11）：1954-1979.

[88] Li M，Yu Q，Zhu W P，et al. Optimal beamformer design for two hop MIMO AF relay networks over Rayleigh fading channels [J]. IEEE Journal on Selected Areas in Communications，2012，30（8）：1402-1414.

[89] Yang L，Hasna M O. Performance analysis of amplify-and-forward hybrid satellite-terrestrial networks with cochannel interference [J]. IEEE Transactions on Communications，2015，63（12）：5052-5061.

[90] Sadek M，Aissa S. Personal satellite communication：technologies and challenges [J]. IEEE Wireless Communications，2012，12（5）：28-35.

[91] Ikki S S，Aissa S. Performance analysis of dual-hop relaying systems in the presence of co-channel interference [C]//IEEE Global Telecommunication Conference. 2010：1-5.

[92] Mehrnia A. and Hashemi H. Mobile satellite propagation channel：Part I－A comparative evaluation of current models [C]//IEEE Vehicular Technology Conference. 1999：2775-2779.

[93] Loo C. A statistical model for a land mobile satellite link [J]. IEEE Transactions on Vehicular Technology，1985，34：122-127.

[94] Corazza G E，Vatalaro F. A statistical model for land mobile satellite channels and its

application to nongeostationary orbit systems [J]. IEEE Transactions on Vehicular Technology, 1994, 43: 738-742.

[95] Abdi A, Lau W, Alouini M S, et al. A new simple model for land mobile satellite channels: First-and second-order statistics [J]. IEEE Transactions on Wireless Communication, 2003, 2 (3): 519-528.

[96] Gradshteyn I S, Ryzhik I M. Table of Integrals, Series and Products, 7th ed [M]. Academic Press, 2007.

[97] Huang Y, et al. Performance analysis of multiuser multiple antenna relaying networks with co-channel interference and feedback delay [J]. IEEE Transactions on Communication, 2014, 62 (1): 59-73.

[98] Ding H, He C, Jiang L. Performance analysis of fixed gain MIMO relay systems in the presence of co-channel interference [J]. IEEE Communication Letters, 2012, 12 (7): 1133-1136.

[99] Zhong C, Suraweera H, Huang A, et al. Outage probability of dual-hop multiple antenna AF relaying systems with interference [J]. IEEE Transactions on Communications, 2013, 61 (1): 108-119.

[100] Phan H, Duong T Q, Elkashlan M, et al. Beamforming amplify-and-forward relay networks with feedback delay and interference [J]. IEEE Signal Processing Letters, 2012, 19 (1): 16-19.

[101] Huang Y, Li C, Zhong C, et al. On the capacity of dual-hop multiple antenna AF relaying systems with feedback delay and CCI [J]. IEEE Communications Letters, 2013, 17 (6): 1200-1203.

[102] Adamchik V S, Marichev O I. The algorithm for calculating integrals of hypergeometric type functions and its realization in reduce systems [C]//in Proc. Int. Conf. Symp. Algebraic Comput. 1990: 212-224.

[103] Renzo M Di, Graziosi F, Santucci F. Channel capacity over generalized fading channels: a novel MGF-based approach for performance analysis and design of wireless communication systems [J]. IEEE Transactions on Vehicular Technology, 2010, 59 (1) 127-149.

[104] Agrawal R P. Certain transformation formulae and Meijer's G function of two variables [J]. Indian J. Pure Appl, 1970, 1 (4).

[105] Prudnikov A P, Brychkov Y A, Marichev O I. Integrals and Series, 3, 1st ed [M]. Gordon and Breach Science, 1990.

[106] Simon M K, Alouini M S. Digital Communications over Fading Channels: A Unified Approach to Performance Analysis [M]. Wiley, 2000.

[107] Chiani M, Dardari D, Simon M K. New exponential bounds and approximations for the computation of error probability in fading channels [J]. IEEE Transactions on Wireless Communications, 2003, 2 (4): 840-845.

[108] Roach K. Meijer-G function representations [J]. The ACM International Conference Symbolic Algebraic Computation, 1997: 205-211.

[109] Abramowitz M, Stegun I A. Handbook of mathematical functions with formulas, graphs, and mathematical tables, 10th ed [M]. New York: Dover publications, 1972.

[110] Wang Z, Giannakis G B. A simple and general parameterization quantifying performance in fading channels [J]. IEEE Transactions on Communications, 2003, 51 (8): 1389-1398.

[111] Miura A, Watanabe H, Hamamoto N, et al. On interference level in satellite uplink for satellite/terrestrial integrated mobile communication system [C]//The 28th AIAA International Communications Satellite Systems Conference. 2010: 1-6.

[112] Awoseyila A, Evans B, Kim H. Frequency sharing between satellite and terrestrial in the 2GHz MSS Band [C]//The 31st AIAA International Communications Satellite Systems Conference. 2013: 1-14.

[113] Umehira M. Feasibility of frequency sharing in satellite/terrestrial integrated mobile communication systems [C]//The 29th AIAA International Communications Satellite Systems Conference. 2011: 1-10.

[114] Tanaka A, Okamoto E. Interference-aware weighting scheme for satellite/terrestrial integrated mobile communication system [C]//The 9th International Wireless Communications and Mobile Computing Conference. 2013: 1803-1808.

[115] Bhatnagar M R, Arti M K. On the closed-form performance analysis of maximal ratio combining in Shadowed-Rician fading LMS channels [J]. IEEE Communications Letters, 2014, 18 (1): 54-57.

[116] Costa D B da, Aissa S. Cooperative dual-hop relaying systems with beamforming over Nakagami-m fading channels [J]. IEEE Transactions on Wireless Communications, 2009, 8 (8): 3950-3954.

[117] Mathai A M, Saxena R K. The H-function with Applications in Statistics and Other Disciplines [M]. Wiley Eastern, 1978.

[118] ITU-R S. 465. Reference radiation pattern for earth station antennas in the fixed-satellite service for use in coordination and interference assessment in the frequency range from 2 to 31 GHz. 2010.

[119] ITU-R P. 452-15. Prediction procedure for the evaluation of interference between stations

on the surface of the Earth at frequencies above about 0. 1 GHz. 2013.

[120] Satellite Orbits, Coverage, Antenna Alignment. Lab-Volt Ltd., Belleville, 2011.

[121] Roy-Chowdhury A, Baras J S, Hadjitheodosiou M, et al. Security issues in hybrid networks with a satellite component [J]. IEEE Wireless Communications, 2005, 12 (6): 50-61.

[122] Cruickshank H, Howarth M P, Iyengar S, et al. Securing multicast in DVB-RCS satellite systems [J]. IEEE Wireless Communications, 2005, 12 (5): 38-45.

[123] An K, Lin M, Liang T, et al. Secrecy performance analysis of land mobile satellite communication systems over Shadowed-Rician fading channels [J]. Wireless and Optical Communication Conference, 2016: 1-4.

[124] An K, Lin M, Liang T, et al. Average secrecy capacity of land mobile satellite wiretap channels [J]. Wireless Communications and Signal Processing, 2016: 1-5.

[125] Lei J, Han Z, Vazquez-Castro M, et al. Secure satellite communication system design with individual secrecy rate constraints [J]. IEEE Transaction on Information Forensics Security, 2011, 6 (3): 661-671.

[126] Zheng G, Arapoglou P D, Ottersten B. Physical layer security in multibeam satellite systems [J]. IEEE Trans. Wireless Communications, 2012, 11 (2): 852-863.

[127] Kalantari A, Zheng G, Gao Z, et al. Secrecy analysis on network coding in bidirectional multibeam satellite communications [J]. IEEE Transactions on Information Forensics Security, 2015, 10 (9): 1862-1874.

[128] An K, Lin M, Liang T, et al. Secure Transmission in Multi-antenna Hybrid Satellite-Terrestrial Relay Networks in the Presence of Eavesdropper [J]. Wireless Communications and Signal Processing, 2015: 1-5.

[129] Yuan C , Lin M , Ouyang J, et al. Joint security beamforming in cognitive hybrid satellite-terrestrial networks [C]//Vehicular Technology Conference. 2016: 1-5.

[130] Bloch M, Barros J, Rodrigues M R D, et al. Wireless information-theoretic security [J]. IEEE Transactions on Information Theory, 2008, 54 (6): 2515-2534.

[131] Masouros C, Zheng G. Exploiting known interference as green signal power for downlink beamforming optimization [J]. IEEE Transactions Signal Processing, 2015, 63 (14): 3628-3640.

[132] Zheng G, Krikidis I, Masouros C, et al. Rethinking the role of interference in wireless networks [J]. IEEE Communications Magazine, 2014, 52, (11): 152-158.

[133] Ma S, Hong M, Song E, et al. Outage constrained robust secure transmission for MISO wiretap channels [J]. IEEE Transactions on Wireless Communications, 2014, 13 (10):

5558-5570.

[134] Suraweera H A, Smith P J, Shafi M. Capacity limits and performance analysis of cognitive radio with imperfect channel knowledge [J]. IEEE Transactions on Vehicular Technology, 2010, 59 (4): 1811-1822.

[135] Visotsky E, Madhow U. Space-time transmit precoding with imperfect feedback [J]. IEEE Trans. Inf. Theory., 2001, 47 (6): 2632-2639.

[136] Zheng G, Chatzinotas S, Ottersten B. Generic optimization of linear precoding in multibeam satellite systems [J]. IEEE Transactions on Wireless Communications, 2012, 11 (6): 2308-2320.

[137] Available: http//functions. wolfram. com/07. 20. 03. 0009. 01.

[138] Available: http//functions. wolfram. com/07. 02. 03. 0014. 01.

[139] Lin M, Ouyang J, Zhu W P. Joint beamforming and power control for device-to-device communications underlaying cellular networks [J]. IEEE Journal on Selected Areas in Communications, 2016, 34 (1): 138-150.

[140] Lin M, Yang L, Zhu W P, et al. An open-loop adaptive space-time transmit scheme for correlated fading channels [J]. IEEE Journal on Selected Topics in Signal Processing, 2008, 2 (2): 147-158.

[141] Yang N, Yeoh P L, Elkashlan M, et al. Transmit antenna selection for security enhancement in MIMO wiretap channels [J]. IEEE Transactions on Communications, 2013, 61 (1): 144-154.

[142] Prudnikov A P, Brychkov Y A, Marichev O. I. Integrals and Series: Elementary Functions [J]. Gordon and Breach, 1990.

[143] Wang L, Elkashlan M, Huang J, et al. Secure transmission with antenna selection in MIMO Nakagami-m fading channels [J]. IEEE Transactions on Wireless Communications, 2014, 13 (11): 6054-6067.

[144] Shiu D S, Foschini G J, Gans M J, et al. Fading correlation and its effect on the capacity of multielement antenna systems [J]. IEEE Trans. Commun, 2000, 48 (3): 502-513.

[145] Wang H M, Wang C, Derrick Wing Kwan Ng. Artificial noise assisted secure transmission under training and feedback [J]. IEEE Trans. Signal Process, 2015, 63 (23): 6285-6298.

[146] Xu R, Da X, Hu H, et al. Power and Time Slot Allocation Method for Secured Satellite Transmission Based on Weighted Fractional Data Carrying Artificial Noise [J]. IEEE Access, 2018, 6: 65043-65054.

[147] Yao H, Shengnan L, Yan Y. Research on Security Transmission Technologies for Integrated

Satellite and Terrestrial Networks [C]//IEEE International Conference on Artificial Intelligence and Computer Applications (ICAICA). 2019: 437-440.

[148] Lu Weixin, Tao Liang, Kang An, et al. Secure Beamforming and Artificial Noise Algorithms in Cognitive Satellite-Terrestrial Networks With Multiple Eavesdroppers [J]. IEEE Access, 2018, 8: 65760-65771.